OPUSCULES
DE PHYSIQUE.

OPUSCULES

DE PHYSIQUE,

Par B. G. SAGE,

DE L'ACADÉMIE ROYALE DES SCIENCES DE PARIS,
FONDATEUR ET DIRECTEUR
DE LA PREMIÈRE ÉCOLE DES MINES.

. . . . Juvat integros accedere fontes,
Atque haurire ; juvatque novos decerpere flores.
LUCRECE.

A PARIS,

DE L'IMPRIMERIE DE P. DIDOT L'AÎNÉ,
IMPRIMEUR DU ROI.
1815.

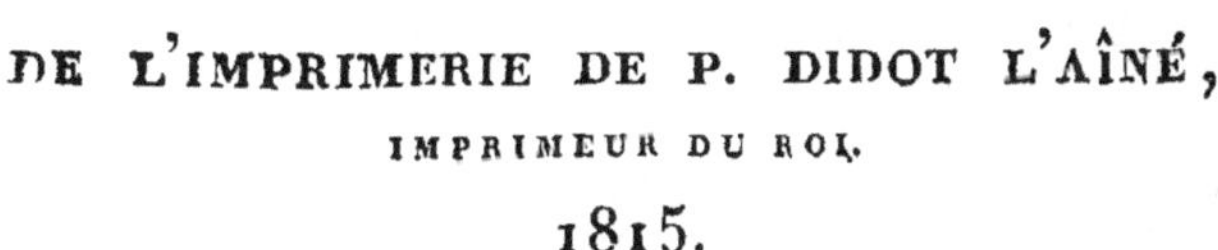

PRÉLIMINAIRE.

Quoique j'aie déja signalé ma reconnaissance pour les bienfaits que je tiens de la dynastie des Bourbons, j'éprouve toujours du bonheur à l'exprimer.

C'est à la bienfaisance de Louis XV que je dois l'avantage d'avoir pu suivre les sciences sans éprouver de besoin.

Louis XVI, après avoir créé l'école des mines, m'en nomma directeur. C'est à la munificence de ce prince que je dois l'honneur d'avoir élevé à la nation un des beaux monuments de l'Europe, le cabinet de l'école royale des mines, à la Monnaie, que j'ai été soixante années à former à mes frais, et dans lequel je n'ai jamais voulu introduire aucun objet provenant des dépouilles des malheureuses victimes de la révolution.

C'est à la protection spéciale de notre auguste monarque, Louis XVIII, que je dois la création de la chaire que je remplis : c'est à la munificence de ce prince que je dois la belle suite des mines d'argent et d'or d'Allemont.

Ayant fait hommage à Louis XVIII, le 8 décembre 1814, de ma découverte du *marmorillo*, avec un médaillon qui le représentait, et sur lequel j'avais inscrit : *Patri Patriæ*, il m'adressa, en le recevant, les paroles les plus obligeantes, et les plus propres à faire connaître qu'il avait apprécié mes travaux.

Quoique la cécité soit le plus grand des malheurs dont l'homme puisse être affligé, cependant je suis parvenu à me rendre cet état moins insupportable, par l'étude, le travail et la méditation. Aussi, depuis dix années que j'ai perdu la vue, ai-je fait des découvertes plus nombreuses et plus mémorables que celles que j'ai faites lorsque j'étais clairvoyant.

J'ai déterminé la nature de la matière éthérée céleste, source de l'électricité sidérale qui n'est que lucifère.

J'ai démontré qu'Anaxagore et Newton nous avaient induits en erreur, en avançant que le soleil était une masse de feu dont l'intensité était inexprimable, en prouvant que la lumière qui émane de cet astre ne devient calorifère qu'en décomposant, dans la moyenne région de notre atmosphère, une partie de l'air.

J'ai indiqué que l'immense quantité de gaz électrifiable que la nature emploie à la confection de plusieurs météores est le produit de la pression que l'air éprouve par le mouvement giratoire de notre globe ; que la lumière qui en résulte d'abord forme les aurores boréales, tandis qu'une portion d'eau, principe de l'air, passe à l'état de gaz nébuleux ; que les nuages eux-mêmes résultent de l'union de l'eau avec une immense quantité de gaz électrifiable, qui est la cause de la légèreté des nuages : une partie de ce gaz, venant à se combiner avec du phlogistique, constitue l'électricité atmosphérienne dont la foudre est le *maximum*.

J'ai indiqué, le premier, que l'air introduit dans le poumon par inspiration se modifiait, par la pression de ce viscère, en électricité et en gaz électrique, qui offre les globules aériformes qui circulent avec les globules sanguins ; ce qui prouve que l'acte vital, ainsi que la chaleur, sont dus à la matière électrique que j'ai reconnu se présenter dans douze états différents, comme je l'expose dans cet ouvrage.

La découverte que j'ai faite de l'acide ignifère est devenue pour moi le moyen d'expliquer des phénomènes dont on n'avait pu jusqu'à présent se rendre compte. Cet acide, saturé de phlogistique, est l'essence de l'ignition ; il brûle, dissout et gazifie l'or ; propriété qui est aussi celle d'une forte électricité, parceque cet acide est la base de l'électricité.

L'acide ignifère est un des acides qui se développent dans la combustion des bois et du charbon, lequel a la propriété de vaporiser une portion d'or et d'argent tenue long-temps en fusion.

L'acide ignifère qui se dégage du feu, étant réverbéré sur de la chaux grise de plomb, s'y incarcère, et lui procure une belle couleur rouge. Ce *minium*, soumis à la distillation, produit du gaz déphlogistiqué, qui n'est, comme je l'ai fait connaître, qu'une modification de l'acide ignifère par le moyen du feu : la chaux rouge de mercure doit aussi sa couleur à ce même acide.

L'acide ignifère saturé de phlogistique constitue une espèce de soufre d'un gris métallique qui brûle par le concours de l'eau :

ce pyrophore n'est qu'ébauché dans le sel volatil, odorant, pyrophorique, qu'on a nommé
iode, parcequ'il s'exhale sous la forme d'un
gaz violet lorsqu'il éprouve l'action du feu.

L'éther, qui est une combinaison particulière de l'acide ignifère, se modifie en une
espèce de pyrophore lorsqu'on fait éprouver
au vin l'acétation, en accélérant sa décomposition par des rafles de raisin et du sarment :
c'est le pyrophore qui en résulte qui produit
la chaleur de la fermentation acéteuse, qui
devient ignifère lorsqu'il n'y a que peu d'eau,
comme le prouve l'inflammation des meules
de foin qui ont été mal fanées, et l'incendie
des gerbes de blé faites dans un temps hu-
mide.

J'ai démontré que la production marine
nommée *vareck*, et *fucus* par les botanistes,
est un polypier flexible dont j'ai retiré la
moitié de son poids d'un réseau cartilagineux
comestible.

J'ai été assez heureux pour découvrir qu'on
peut remédier à toutes les espèces de poisons
par deux moyens à la portée de tout le monde,
savoir : le vinaigre et l'alcali volatil fluor ; ce
qui me paraît le plus beau présent qu'on ait
pu faire à l'humanité.

Comment se peut-il que, tout le monde sachant aujourd'hui que l'émanation délétère du charbon est de nature acide, on indique encore, dans la Gazette de France du mois de février, n° ..., le vinaigre comme l'antidote de ce méphitisme ?

Ma découverte du *marmorillo*, qui est une espèce de marbre produite par la chaux éteinte et fusée à la manière de Vitruve, offre aux arts une matière plus propre à modeler que le plâtre, puisque les bas-reliefs qu'on en obtient sont plus fins, plus durs, et qu'ils sont imperméables à l'eau.

J'ai fait connaître combien était grossière l'erreur de ceux qui affirment que l'eau est composée de cinq parties de gaz déphlogistiqué et d'une d'air inflammable, tandis que l'eau est composée de trois substances, de l'élément aqueux et de frigorique tenu en dissolution par le calorique ; ce qui est démontré par l'expérience de Leslie, la congélation de l'eau opérée dans le vide, qui en extrait le calorique sous forme de gaz vésiculaire, et laisse l'eau congelée, c'est-à-dire saturée de frigorique.

Un travail quotidien, secondé d'une méditation continuelle, m'a fait découvrir de nouvelles vérités que je me fais un devoir de publier, afin de concourir aux progrès de la physique, que des novateurs ont si fort dénaturée par leurs paradoxes.

Je n'ai jamais autant travaillé que depuis que je suis privé de la vue, n'ayant trouvé que ce moyen pour remplir le vide immense que laisse la cécité.

J'ai publié en 1810 un Traité in-8° sur les deux moyens propres à remédier à toutes les espèces de poisons; j'en ai distribué gratuitement quinze cents exemplaires, afin que cette découverte importante soit généralement connue.

En 1811, j'ai publié mes Institutions de Physique et de Minéralogie, en 3 vol. in-8°.

En 1812, j'ai publié un Supplément à ces Institutions, en un vol. in-8°.

En 1813, j'ai ajouté à ce Supplément un autre volume in-8°, qui a pour titre *Opuscules de Physique.*

En 1814, j'ai publié un Traité des Pierres précieuses, et une brochure in-8° qui a pour titre : *Tableau comparé de la conduite qu'ont tenue envers moi les Ministres de l'ancien régime, avec celle des Ministres du régime révolutionnaire.*

Ce second volume d'Opuscules que je publie renferme des découvertes intéressantes indiquées dans la table synoptique. Je m'empresse de les publier, parce qu'à soixante-quinze ans il est difficile de connaître jusqu'à quel terme on doit jouir de ses facultés mentales, quoiqu'à l'aide du régime céréal que je suis invariablement depuis plusieurs années, ma santé se soit corroborée.

J'aurai rempli mon but si les ouvrages que j'ai publiés, et que je publie, peuvent rappeler les Français à la saine physique : on doit tout attendre du temps et de la raison.

TABLE SYNOPTIQUE

DES DIVERS OBJETS TRAITÉS DANS CES OPUSCULES DE PHYSIQUE.

FIN DE LA TABLE SYNOPTIQUE.

SAGE.

OPUSCULES
DE PHYSIQUE.

OPUSCULES

DE PHYSIQUE.

*Marmorillo, chaux endurcie par l'eau;
marbre régénéré.*

Plus la pierre calcaire qu'on emploie est pure, meilleure est la chaux qu'elle produit après avoir été calcinée; mais son énergie et sa force de cohésion dépendent de la manière dont elle a été éteinte: ce qui a été annoncé par Vitruve il y a près de deux mille ans, et ce qui m'a été confirmé par les expériences dont je vais rendre compte.

La pierre à chaux est un sel insoluble, composé de terre alcaline, combinée avec de l'acide igné et une matière oléagineuse qui la rend insoluble dans l'eau. Cette matière grasse, après avoir été décomposée par l'action du feu, la pierre calcaire se trouve avoir perdu le tiers de son poids, et avoir acquis de la causticité, qu'elle doit à une portion d'acide ignifère (1) qui s'y est incarcéré par l'action du feu. Ce *causticum* cesse de jouir de sa propriété dès que la chaux a été tenue immergée dans de l'eau, jusqu'à ce qu'elle ne laisse plus échapper ce *causticum*, qui s'en dégage avec sifflement.

Pendant cette immersion, la chaux, quoique pénétrée d'un tiers de son poids d'eau, ne s'est pas encore échauffée; mais, dès qu'elle est exposée à l'air, elle éclate et se divise en une poussière blanche connue sous le nom de *chaux fusée*, qu'il faut abriter de l'air si l'on veut lui conserver toute son énergie, comme Vitruve l'a indiqué.

La chaux vive qui a fusé spontanément à l'air n'a pas la propriété de s'endurcir par le moyen de l'eau, comme la chaux éteinte par le moyen indiqué ci-dessus.

Ayant mêlé quatre mesures de chaux éteinte à la romaine avec une mesure d'eau; ayant ensuite coulé cette pâte dans des moules, elle a pris corps au bout de quatre à cinq heures. L'ayant ensuite laissé sécher à l'air, elle s'est trouvée, après le laps de quatre ou cinq jours, avoir pris assez de solidité pour être devenue sonore, et avoir acquis assez de dureté pour recevoir le poli du marbre; ce qui m'a fait désigner

---

(1) La chaux pénétrée d'eau acquiert la propriété d'enflammer le bois, effet qui a lieu par l'action de l'acide ignifère sur le phlogistique de l'huile du bois. Pline, qui a connu cet effet, a dit : *Mirum aliquid postquam ardescit accendi aquis.*

cette pierre calcaire régénérée sous le nom de *marmorillo*.

J'ai reconnu que cette solidité était due à la régénération de la chaux en pierre calcaire; régénération qui est opérée par un tiers d'eau. La chaux, ainsi endurcie, n'a plus la propriété de se délayer dans l'eau, et l'espèce de marbre qui en est résulté y est imperméable.

Cette découverte offre au modeleur une pâte bien plus propre à rendre des bas-reliefs de la plus grande finesse que ceux rendus par le plâtre : ils ont un avantage sur lui, en ce qu'ils sont plus durs, et imperméables à l'eau.

Je dois faire observer que le bas-relief qui a été moulé dans un creux en plâtre est plus pur et plus sain que lorsqu'il a été moulé dans un creux en soufre, qui n'est pas propre à absorber l'humidité comme le plâtre.

La découverte du *marmorillo* m'a fait connaître que les bas-reliefs qu'on obtient en Toscane en faisant rejaillir, dans des creux en soufre, de l'eau thermale des bains de Saint-Philippe, qui tient suspendue de la chaux, n'était autre chose qu'un vrai *marmorillo*, un marbre régénéré.

Marmorillo crétacé.

La chaux peut se combiner avec la plupart des pierres pulvérisées, et leur procurer assez de soli-

dité pour faire corps avec elles, ce qui donne naissance aux mortiers, ciments ou bétons, qui deviennent le lien des pierres.

Le ciment connu sous le nom de *stuc* a fixé, avec
raison, l'attention des architectes. Celui que je désigne
sous le nom de *marmorillo crétacé* est le plus aisé à
préparer, et le plus solide. Je l'obtiens en mêlant
trois mesures de craie pulvérisée avec deux mesures
de chaux éteinte à la romaine, que je réduis en pâte
à l'aide d'une cinquième mesure d'eau. Cette pâte
peut être moulée comme le marmorillo simple, et
produire une pierre calcaire plus pesante et plus dure,
qui peut être employée pour modeler des rosaces, des
corniches, des bustes, et à former des cippes, des colonnes et des pilastres, comme M. Bélanger, célèbre
architecte, l'a fait connaître.

Je dois aussi de la reconnaissance à M. Reignier,
qui a eu la bonté de me modeler des bas-reliefs dont
j'ai fait hommage à Louis XVIII.

Le mélange de trois mesures de craie et de deux
de chaux fusée à la romaine étant délayé dans de
l'eau, et étendu sur les pierres, à l'aide d'une brosse
ou d'un pinceau, s'introduit dans leurs pores, et
laisse à leur surface un enduit blanc d'une espèce de
marbre régénéré, inaltérable par l'eau, lequel offre
aux architectes le badigeon le plus solide et le moins
coûteux, et qui est bien préférable au *gratter*, dont on
vient de se servir pour rajeunir le Louvre, puisque,
par ce procédé, on amaigrit les formes, et qu'on fait

offrir à la pierre de nouveaux pores, dans lesquels s'introduisent la poussière et les lichens.

J'ai dit, dans mes Institutions de physique, ainsi que dans plusieurs Mémoires que j'ai publiés sur les mortiers ou ciments, que la chaux éteinte par les procédés français n'était pas propre à produire des mortiers solides semblables à ceux qu'on trouve dans les constructions romaines, où l'on a employé la chaux éteinte à la manière de Vitruve; et que la dureté constante de ces mortiers tient à ce qu'on a toujours employé deux mesures de chaux fusée contre trois de sable ou de pouzzolane. J'ai aussi reconnu que les tuileaux ou briques pulvérisées, nommées *ciment*, étaient plus propres à faire un mortier solide que toutes les autres productions minérales, excepté les chaux métalliques.

Il serait à desirer que les architectes et les constructeurs soignassent la préparation du mortier qu'ils emploient, et exigeassent que la chaux représentât les deux cinquièmes du mélange.

Théorie sur la formation des sons.

Avant Newton on ignorait que la lumière, qui nous paraît incolore, était composée de sept couleurs distinctes :

De violet,

De pourpre,

De bleu,

De vert,

De jaune,

D'orangé,

De rouge,

qu'on parvient à séparer à l'aide du prisme.

Quoique, isolément, ces couleurs soient vives et tranchantes, elles s'absorbent et se confondent au point que la lumière est sans couleur à nos yeux.

Je crois pouvoir avancer que la vibration de l'air produit sept sons distincts, lesquels constituent la gamme (1) des musiciens.

Les sons résultent de la vibration circulaire qu'on fait éprouver à l'air : l'harmonica, la flûte, le porte-voix, la trompette, le cor-de-chasse, les cloches, le tam-tam, le violon, nous le prouvent.

L'harmonica est l'instrument musical le plus mélodieux : il fut inventé par Franklin, qui se plaisait à en jouer.

L'harmonica est composé de capsules ou timbres de verre, qui diffèrent en diamètre : toutes sont perforées au milieu, et sont traversées par un axe de fer auquel on imprime la rotation par le moyen d'une pédale. Ces demi-sphères ou calottes sont distantes les unes des autres de manière qu'on peut toucher tour-à-tour chacune d'elles.

----

(1) Ce nom a été donné aux notes par Guy Arétin : les notes naturelles ont aussi été nommées *harmoniques*.

Le mouvement de rotation étant imprimé à l'axe, il ne se produit aucun son dans l'air; mais si l'on a mouillé légèrement avec une éponge les bords extérieurs de ces capsules, et si ensuite on porte le doigt dessus, lorsqu'elles sont en rotation, les sons qui se produisent alors sont d'un mélodieux inexprimable, et relatifs suivant le timbre qui a été frotté.

Le jeu de cet instrument, sous les doigts d'un bon musicien, est si céleste, qu'il fait éprouver à l'ame les sensations les plus délicieuses.

La flûte est, comme on le sait, un tube qui offre dans sa longueur plusieurs trous : l'air qu'on y fait circuler par l'embouchure donne, en s'échappant, les sons les plus doux, produits par la vibration circulaire de l'air.

Le chant n'est autre chose que l'air qui s'échappe de la trachée-artère, qu'on peut regarder comme une flûte naturelle.

L'air introduit par la buccination dans les tubes circulaires du cor-de-chasse s'échappe en circulant sur son pavillon, ce qui constitue le son de cet instrument, que le veneur module à volonté.

C'est encore dans le pavillon du porte-voix que les paroles acquièrent de la force.

Lorsque le battant a frappé une cloche, le bruit ne se fait entendre que parceque l'air vibre circulairement. Il n'en serait pas de même si la cloche était fêlée, parceque la vibration cesserait d'être continue à cause de l'interstice laissé par la fêlure.

Les Chinois font usage d'une espèce de tambour métallique, nommé *tam-tam* ou *gom-gom*, dont le son est comparable à celui du plus gros bourdon. Le cuivre allié d'étain est la base de ce timbre, dont la forme offre un disque d'environ trois pieds de diamètre, un peu bombé vers le centre curviligne. Une corde fixée à une de ses extrémités sert à maintenir ou à élever le tam-tam, qu'il suffit de frapper au milieu avec un battant terminé à une de ses extrémités par une masse arrondie de trois ou quatre pouces de diamètre : elle est rembourrée de crin enveloppé dans une étoffe de laine.

Dès qu'on a porté sur le tam-tam un coup de cette masse, toutes les parties du timbre sont en même temps en vibration circulaire, d'où résulte un bruit résonnant aussi fort que celui que produirait le plus gros bourdon.

Si le tam-tam produit une résonnance si étonnante, c'est que le battant avec lequel on le frappe n'absorbe rien du son, et qu'il comprime à-la-fois beaucoup d'air, dont la vibration est réfléchie par la forme concave et curviligne du *tam-tam*.

Il en est du son produit par le choc d'un timbre plat circulaire comme de l'effet d'une pierre jetée dans un bassin d'eau tranquille : le cercle formé lors de la chute de la pierre produit, par la vibration de l'eau, une multitude de cercles toujours croissants en diamètre.

Il y a lieu de présumer que le son terrible et effrayant du *tam-tam* est le produit de l'assemblage de sons circulaires qui coïncident, et sont répercutés par le plan curviligne de ce grand timbre.

Il restait un problême à résoudre. Klaproth avait dit que c'était à l'aide du malléage que l'alliage métallique qui compose le *tam-tam* avait été étendu, quoiqu'il soit composé de cuivre allié d'un sixième d'étain, alliage qui est aigre et cassant.

. Mais il vient d'être démontré, par les expériences de M. Darcet, que ce même alliage acquiert de la ductilité par la trempe, et devient aigre quand on le laisse refroidir lentement à l'air; fait diamétralement opposé à ce qui a lieu pour la plupart des métaux, qui s'écrouissent par la trempe.

J'ai établi comme principe que le son était produit par l'air mis en vibration circulairement. Cette théorie est aussi applicable au violon, dont l'air, vibré par quatre cordes à l'aide de l'archet, remplit la cavité arrondie du violon, dont il s'échappe par les ouïes qui sont à la partie supérieure de cet instrument, qui est un des plus harmonieux.

Le corps du violon est creux et offre une boîte plate un peu bombée en-dessus et en-dessous. Cette boîte n'a guère plus d'un pied de long sur une profondeur d'un pouce et demi. Sa partie supérieure est arrondie, et a sept pouces et demi de largeur sur une hauteur de cinq pouces et demi. Cette boîte se rétrécit vers les ouïes au point de n'avoir que quatre pouces sur trois de largeur ; le reste a six pouces de largeur sur quatre et demi de longueur.

Telle est la forme du violon, qui est composé de deux tables, dont l'inférieure est ordinairement de deux pièces de hêtre collées. La table de dessus est de sapin ou de cèdre. Deux bandes de bois de hêtre, fixées avec deux tables, servent de pourtour au violon. La table supérieure offre, vers le milieu, deux ouvertures en forme d'S, qu'on nomme ouïes : elles servent d'issue à l'air vibré qui constitue les sons.

Toutes les pièces qui composent le violon étant bien collées, il faut boucher extérieurement les pores du bois avec un vernis qui ne soit point susceptible de s'écailler. C'est du vernis gras étendu d'huile de térébenthine dont on fait usage : sans cette précaution, les sons seraient absorbés par les pores du bois.

Quant à l'archet, dont la pression mesurée met en vibration les cordes du violon, on empreint les crins qui le composent d'un léger enduit de colophane, afin d'empêcher l'humidité d'agir sur ces mêmes crins et de nuire à l'extraction des sons.

La forme du violon est très ingénieuse : l'air vibré s'accumule et circule dans la cavité arrondie, et s'é-chappe par le canal rétréci où se trouvent les ouïes, dont la forme paraît être la plus propre à la réson-nance.

Détonation.

Le bruit plus ou moins terrible, connu sous le nom de *détonation*, résulte de la décomposition instantanée d'une colonne d'air, produite par la combustion d'un mélange de deux parties de gaz inflammable et d'une de gaz déphlogistiqué : alors le vide laissé par la colonne d'air décomposé appelle le rapprochement subit des colonnes d'air latérales, dont le choc produit un bruit plus ou moins éclatant, proportionné au volume de la colonne d'air déplacée. L'expérience du crève-vessie étaye cette théorie. On sait que, lorsque le vide y a été formé, la colonne d'air pressant la vessie la déprime, et que, dès qu'elle est rompue, ce même air, venant à frapper les parois du crève-vessie, produit un bruit semblable à la détonation. Si l'expérience se fait dans l'obscurité, l'intérieur du cylindre de verre est phosphorescent.

L'explosion ne doit pas être confondue avec la détonation. Celle-ci est produite par la dilatation d'un fluide pénétré subitement d'une forte chaleur, ou d'un gaz qui, s'étant dégagé brusquement, se trouve renfermé dans un vase dont les parois ne sont pas assez fortes pour résister à la dilatation de ce même gaz ; l'explosion a lieu sans être accompagnée de bruit.

Propriétés des diverses espèces d'électricité.

On ne pouvait se former une idée juste de l'électricité sans connaître que l'acide ignifère était l'essence des deux gaz qui constituent l'air atmosphérique ; sans connaître que l'air se décomposait par la pression, d'où résultait une phosphorescence surmontée d'un nuage blanc et d'acide ignifère mis à nu, lequel a la propriété, en se phlogistiquant, de produire le feu qui embrase l'amadou : ce qu'on reconnaît en faisant usage du briquet pneumatique, dont le corps est de cristal épais (1).

Ce corps de pompe étant rempli d'air atmosphérique, il suffit de le comprimer rapidement en accélérant la pression du piston pour reconnaître ce que je viens d'énoncer.

La lumière est si sensible qu'elle se manifeste en plein jour ainsi que le nuage blanc. Cette lumière est due à l'expansion du phlogistique, partie constituante de l'azote ou air phlogistiqué de Priestley, lequel, par le concours du gaz déphlogistique, principe de l'air, constitue cette phosphorescence.

---

(1) Cette heureuse idée est due à M. Lebouvier-Desmortiers, physicien d'une grande sagacité. C'est cet appareil qui m'a conduit aux étiologies que je donne de la décomposition de l'air.

Quant au nuage blanc, il résulte de l'eau, un des principes de l'air, laquelle s'est combinée avec une portion de gaz électrifiable (1) et de calorique.

Ces faits irrécusables étant admis, on explique facilement les phénomènes merveilleux que la nature produit sans interruption.

Tout le monde sait que l'air atmosphérique est sans cesse comprimé par le mouvement giratoire accéléré du globe, ce qui opère une décomposition successive de l'air, dont le premier produit est cette phosphorescence qui éclaire les pôles, et qui est connue sous le nom d'*aurore boréale*.

La nature emploie une quantité immense de gaz électrifiable produite par la pression de l'air pour réduire l'eau dans l'état gazeux qui constitue les nuées. Il faut que la quantité de gaz électrifiable qui y concourt soit prodigieuse, puisque l'eau, convertie en un gaz nébuleux, est devenue plus légère que l'air, et se trouve à-peu-près mille fois plus légère que l'eau, qu'on sait être huit cent cinquante fois plus pesante que l'air.

L'eau, ainsi convertie en nuées, n'a plus la propriété de mouiller, et elle ne retombe sous forme de pluie que lorsque le gaz électrifiable en a été soustrait pour prendre le caractère d'électricité, en se combinant avec du phlogistique.

______

(1) Le gaz électrifiable est impondérable, ainsi que la lumière.

Il existe en tout temps dans l'atmosphère une portion d'électricité qu'on peut amener sur la terre à l'aide du cerf-volant à cordes métalliques de Romas.

C'est sur-tout dans les temps chauds que l'électricité se forme en plus grande quantité et s'accumule pour constituer la foudre, qui n'est que de l'acide ignifère concreté et très avide de phlogistique, lequel embrase instantanément les bois secs, brûle et calcine les métaux. Tel est l'effet du maximum de l'électricité atmosphérienne.

L'électricité artificielle est semblable à la naturelle par la plupart de ses propriétés. Elle se forme aussi de la décomposition de l'air, opérée par la pression des coussinets sur le plateau de verre. Le gaz électrifiable, attiré par les pointes du conducteur, s'y combine avec une portion de phlogistique du métal, et constitue une portion d'électricité.

Durant cette combinaison, il se dégage un gaz odorant particulier qui est d'autant plus fort que le plateau des machines est plus considérable.

Une forte électricité étant propre à donner des pôles au fer et à aimanter les instruments d'acier et même les ardillons des boucles, comme le prouve ce qui est arrivé à M. Brillouet, chirurgien du prince de Bourbon, lorsqu'il a été foudroyé, il me paraît qu'on peut naturellement conclure que le gaz attractif polaire n'est qu'une modification du gaz électrifiable.

L'humidité est contraire à la génération de l'électricité artificielle, parcequ'elle affaiblit trop l'acide

ignifère qui donne naissance au gaz électrifiable ;
mais l'eau ne nuit pas à la confection de l'électricité
animale, qui se produit par la pression de l'air dans
les poumons. Il n'y a qu'une petite portion de cette
électricité qui concourt à la chaleur vitale par l'ustion
du gaz déphlogistiqué, un des principes de l'air atmosphérique. Le gaz électrifiable qui est en excès circule dans les vaisseaux sanguins, tandis que l'électricité surabondante à l'acte vital s'échappe par les pores de la peau, et se manifeste par des étincelles dans
les temps secs.

Cette électricité est bien sensible dans l'obscurité,
lorsqu'on passe la main à rebrousse poil sur un chat.

Dans l'acte de la copulation, le frottement excite
une véritable électricité qui agit sur tout le système
nerveux et produit l'éclair du plaisir et l'émission si
attrayante du fluide prolifère, qui est accompagné de
l'*ora seminalis*, espèce de gaz odorant particulier.

L'eau concourt à la formation de l'électricité qu'on
trouve dans diverses espèces de poissons. Celle qui
réside dans la raie connue sous le nom de *torpille*
produit, lorsqu'on la touche, un engourdissement :
ce qui me la fait désigner par les mots *électricité torpique.*

L'anguille de Surinam, ainsi que celle du Pérou,
connue sous le nom de *gymnotus electricus*, et de
tonnerre chez les Indiens, a pris ce nom de l'effet
foudroyant qu'elle produit sur les animaux lorsqu'elle
les touche : tel est l'effet de l'électricité gymnotique.

Par-tout où l'air circule il est plus ou moins pressé, et il s'y produit une électricité plus ou moins sensible, qui se manifeste pendant la nuit dans les végétaux par de petites étincelles : fait qui a été observé par la fille du célèbre Linné dans la fleur d'une espèce de capucine.

L'eau concourt à la confection de l'espèce d'électricité connue sous le nom de *galvanisme*; dans ce cas, l'acide ignifère qui la constitue est dégagé du zinc par le concours du cuivre ou de l'argent.

Lorsque l'effet galvanique n'est pas accumulé, il produit, quand on le soutire avec le doigt, une commotion électrique.

Si le galvanisme a acquis de la force, il brûle à la manière des caustiques, et alors il se manifeste sous la forme d'un pyrophore de couleur gris métallique, qui brûle à la surface de l'eau.

Si l'effet galvanique se produit à l'aide de l'appareil napoléonien, qui a été employé par MM. Thénard et Gay-Lussac, son effet sur l'économie animale peut non seulement paralyser, mais devenir mortel.

L'appareil galvanique employé en Angleterre produit un feu si considérable, que les pierres les plus apyres, telles que le saphir et le quartz, y entrent promptement en fusion.

Cet appareil, dont on fait usage dans le laboratoire de l'institution royale de Londres, est composé de deux cents assortiments de plaques de trente-deux pouces carrés de surface. Le nombre de ces plaques doubles est de deux mille , et la surface entière de l'appareil est de vingt-huit mille pouces carrés.

Description des Colonnes électrifiantes conjuguées, nommées Electroscope aérien (1) par M. Deluc.

Ce célèbre physicien a le premier fait connaître cet appareil dans un Mémoire qu'il a lu à la société royale de Londres en 1809 , dont on trouve l'extrait suivant dans la Bibliothèque britannique, tome 41, page 400 ; on y lit : « que M. Deluc a fait une pile à « sec , composée de six cents groupes binaires de « deux métaux convenables , qui produit spontané- « ment et constamment les mouvements opposés des « électroscopes à ses deux côtés, comme l'aimant les « phénomènes magnétiques. M. Deluc dit que cet élec- « troscope aérien peut devenir un instrument très im- « portant en météorologie. » Ce savant n'ayant pas fait connaître la manière de composer ces *piles à sec*, on doit de la reconnaissance à M. le comte de Gazzola, qui a présenté à l'Institut, le 10 octobre 1814 , sous le nom de *piles à sec*, l'appareil électrifiant que M. Zamboni, professeur de physique à Vérone, avait fait exécuter , et dont il a suivi pendant plus de deux ans l'effet attractif et répulsif.

---

(1) L'épithète *aérien* que M. Deluc emploie pour caractériser l'effluve des colonnes propres à produire de l'électricité fait connaître qu'il le regarde aussi comme un gaz.

C'est d'après les détails donnés par ce physicien que j'ai fait exécuter l'appareil des colonnes conjuguées par M. Dumotiez, habile ingénieur-mécanicien.

Voici la manière dont il a disposé les colonnes électrifiantes.

Après avoir enduit de poussière de manganèse la partie du papier qui n'est pas étamée (1), il en forme des disques de huit lignes de diamètre à l'aide d'un emporte-pièce. On empile deux mille de ces disques, qu'on a soin de bien serrer avec des fils de soie, en prenant la précaution que les disques soient disposés de manière que l'étain ne soit pas en contact avec l'étain, parcequ'alors la colonne ne serait pas électrifiante.

Les disques étant bien assemblés, on fixe au disque supérieur, ainsi qu'à celui qui termine la colonne, un fil de laiton ; on recouvre cette colonne avec du soufre fondu ; on l'introduit ensuite dans un tube de verre d'un pied de haut sur un pouce de diamètre ; on termine l'extrémité supérieure du tube par une boule de cuivre ou par un timbre (2), et son extrémité inférieure par un empatement.

---

(1) Il est connu dans le commerce sous le nom de *papier argenté*, quoique ce ne soit que de l'étain pur auquel il doit l'éclat métallique. C'est afin d'y fixer la manganèse pulvérisée qu'on a soin d'enduire légèrement d'huile la partie qui n'est pas étamée.

(2) Étant privé de la vue, j'ai substitué des timbres aux boules de cuivre, afin de m'apercevoir des oscillations de l'aiguille.

Il se dégage continuellement de cette colonne du gaz électrifiant, que l'on convertit en électricité en lui fournissant un peu de phlogistique, comme le fait connaître le fait suivant : il suffit de poser la base de la colonne sur le chapeau du condensateur de Volta, qui reçoit et accumule le gaz électrifiant, de sorte qu'une demi-minute après, si l'on vient à approcher le doigt du condensateur, l'électricité qui s'est formée brûle, en produisant une étincelle qui se manifeste à plus de deux pouces.

Si l'on a opposé à cette première colonne une autre renfermant une égale quantité de disques, dont la disposition est telle que c'est la partie du papier manganésé qui commence la colonne, tandis que c'est la partie étamée qui commence la première; si ensuite ces deux colonnes sont posées en face l'une de l'autre, à huit pouces de distance, et qu'elles communiquent entre elles par une lame métallique, il s'y établit une circulation de gaz électrifiable, rendue bien sensible par une aiguille très fine posée sur un pivot porté sur un tube d'émail. L'extrémité de cette aiguille oscillatoire est terminée par une espèce d'anneau en cuivre, qui est attiré alternativement par les timbres qui terminent les colonnes, et qui rendent des sons différents. Cet effet a lieu successivement, sans interruption, de cinq secondes en cinq secondes.

L'effluve électrifiable de la première colonne se mêlant à celui de la seconde, cette dernière en exhale une fois plus que la première. Cet effluve, accumulé dans le timbre, s'y électrifie, attire l'aiguille oscillatoire qui la.décharge, d'où résulte une étincelle qui accompagne le son produit par le timbre. S'il est une fois plus fort que le son qui résulte du choc de l'aiguille sur le timbre de la première colonne, c'est que le gaz électrifiable qui s'y trouve y est dans une quantité une fois moindre que dans la seconde colonne.

L'étincelle qui accompagne le choc des timbres, quoique très faible, a été reconnue par M. Le Baillif, qui a concouru à perfectionner ces électroscopes aériens.

Si la disposition des disques était semblable dans l'une et l'autre colonne, et si elles étaient établies en correspondance, il n'y aurait pas d'effluve électrique, parcequ'il n'y aurait pas de circulation.

L'appareil électrifiant disposé à produire l'effet indiqué par M. Zamboni a lieu sans qu'il y ait de déperdition sensible, puisque ce physicien a suivi pendant plus de deux années ce mouvement oscillatoire, qui a eu lieu sans interruption.

Dans ce cas, l'effet électrifiant paraît tenir à une cause particulière qui a du rapport avec le fluide attractif polaire, qui constitue la propriété magnétique dans les corps qui en sont doués, dont il efflue sans cesse du gaz attractif, sans que l'aimant ou le fer qui en ont reçu les propriétés éprouvent de diminution, quoiqu'on les ait employés pour procurer la propriété magnétique à une grande quantité d'aimants artificiels.

Le gaz électrifiant qui produit les effets précités est dû à la modification qu'éprouve l'acide ignifère qui se trouve dans le rapport d'un huitième dans la manganèse grise cristalline; modification qui a lieu par une émanation phlogistiquée fournie par l'étain.

Dans cette expérience, la manganèse produit, par le concours de l'étain, un effet qui a du rapport avec le voltaïsme, ce que j'ai reconnu en mettant sous ma langue un disque de manganèse du diamètre d'un écu de six francs; j'ai posé sur ma langue un disque d'étain de même grandeur: ayant mis en contact l'extrémité de ces métaux, ils ont affecté cet organe de la même manière que le zinc et le cuivre.

La production du galvanisme est relative à la quantité de zinc qui entre en dissolution, au lieu que, dans l'expérience des colonnes électrifiantes, la manganèse n'éprouve aucune altération.

On sait que ce minéral ne s'altère pas par le temps, ni par l'acide nitreux même, qui devient un auxiliaire pour la production du galvanisme.

La lumière que répandent les astres est produite par une espèce d'électricité qui ne jouit que de la propriété lucifère: je lui ai donné le nom d'*électricité sidérale*. Elle est le résultat de la pression qu'éprouve le gaz éthéré-céleste par la rotation qui est propre aux astres. Le gaz éthéré-céleste paraît être le phlogistique dans son plus grand état de pureté.

Les faits que je viens de rapporter font connaître

que l'électricité se manifeste dans douze états différents, savoir :

Gaz électrique.

Electricité atmosphérienne.

Idem. . artificielle.

Gaz attractif polaire.

Electricité animale.

Idem. . prolifère.

Idem. . torpique.

Idem. . gymnotique.

Idem. . végétale.

Idem. . voltaïque, ou galvanique.

Idem. . zambonique.

Idem. . minérale.

Acide ignifère, primitif, élémentaire.

J'ai cru devoir désigner cet acide par l'épithète
ignifère, parcequ'il est l'essence de l'ignition. C'est
un des plus grands agents de la nature, il se retrouve
presque par-tout; aussi paraît-il caractérisé par ce
distique d'Ovide :

Ignis, ubique latet, naturam amplectitur omnem,
    Cuncta parit, renovat, dividit, urit, alit.

L'acide ignifère est la base des deux gaz qui constituent l'air; il est un des principes des substances

qui fournissent du gaz déphlogistiqué par la distillation.

L'acide ignifère, saturé de phlogistique, forme le
pyrophore, dont la couleur est d'un gris métallique.

La modification de l'acide ignifère donne naissance
au gaz électrifiable, ainsi qu'au gaz magnétique.

Cet acide est la cause du fusé du salpètre, et de
la détonation en général.

L'acide ignifère se trouve dans les trois règnes : il
constitue la plupart des météores, est un des principes des huiles, du phosphore, du soufre, l'essence
du pyrophore, du charbon et du diamant.

L'acide ignifère est une des parties constituantes
de la manganèse, du zinc, du mercure, du fer, de la
mine de cuivre arénacée verte, du sel ignifère calcaire, de l'électricité animale, ainsi que du gaz électrique interposé entre les globules colorés du sang.

L'*OEdipus chimicus* de l'Arsenal a avancé que le
gaz déphlogistiqué, qui n'est qu'un produit de la
modification de l'acide ignifère, était un principe
qu'il a nommé *oxigène;* paradoxe qui a été admis
comme théorême par ses commensaux, qui le regar-
daient comme un génie prodigieux, parcequ'il a fait,
disent-ils, de l'eau toute claire avec les éléments qui
constituent le feu.

Cette théorie a paru si merveilleuse, qu'on l'a
attribuée au grand géomètre, dans l'éloge qui a été
fait du lord Cavendish à l'Institut.

L'acide ignifère est le plus pesant des acides; il

constitue l'iode : diversement modifié, il donne naissance à tous les acides connus, ce que j'ai démontré dans mes *Institutions de physique*.

De la propriété qu'a le gaz acide ignifère de brûler et de vaporiser l'or.

J'avais bien reconnu que lorsqu'on projetait de l'antimoine ou du régule d'arsenic pulvérisé dans un récipient à épaulettes de la contenance de sept à huit pintes, rempli de gaz acide ignifère (1), ces métaux y brûlaient en scintillant ; mais j'étais loin de croire que l'or, qui résiste à l'action du feu, étant suspendu, à l'aide d'un fil, dans le gaz acide ignifère, y brûlait, et

---

(1) J'obtiens ce gaz verdâtre très concentré en mettant en digestion à froid une partie de manganèse cristalline pulvérisée avec quatre parties d'acide marin, ayant soin d'adapter à la cornue des récipients à épaulettes, dont le premier est vide, et le second contenant un pouce et demi d'eau. Le dégagement de la totalité du gaz n'a lieu qu'au bout de quatre jours. Il faut éviter de rester dans une atmosphère où ce gaz est répandu ; il affecte si fortement les organes de la respiration, qu'il produit le crachement de sang. C'est à l'âge de dix-huit ans que j'en ai fait la cruelle expérience : les médecins Saulier et Bouvard, croyant faire cesser ce crachement de sang par des saignées, en ordonnèrent douze dans l'espace de trois jours, ce qui m'épuisa au point que je fus plus de trois ans à me réparer. Croira-t-on par la suite qu'on ose employer aujourd'hui ce gaz ignifère comme une fumigation salubre.

s'exhalait en vapeur, comme l'expérience suivante me
l'a fait connaître.

Pour cet effet, il suffit de lier une feuille d'or avec
un fil, et de la tenir suspendue dans le gaz ignifère.
Les feuilles qui ont été employées avaient trois pouces
carrés, et ne pesaient qu'un grain. Aussitôt qu'elles
furent introduites dans le récipient bien fermé, l'or
fut entouré d'une espèce de fumée : sa surface prit
une teinte d'un rouge violacé; et, une heure après, ce
métal avait disparu, sans que les parois du récipient,
ni son fond, offrissent aucun indice de chaux violette, laquelle avait cependant coloré l'extrémité du fil.

Ayant brûlé successivement trois feuilles d'or dans
le même récipient, sans rien remarquer de sensible
sur ses parois qu'un petit mouvement giratoire, je fis
laver le récipient avec de l'eau distillée dont la limpi-
dité ne fut pas sensiblement altérée. Je fis évaporer
cette eau, jusqu'à siccité, dans une capsule de verre,
sur le fond de laquelle resta un enduit d'un brun
clair.

Ce résidu aurifère attira l'humidité. L'ayant dissous de nouveau dans de l'eau, je mis dedans une
lame d'étain, qui en précipita sur-le-champ l'or, sous
la forme d'une poussière rougeâtre.

Ayant mis ce précipité dans une lame de plomb du
poids d'un gros, je le passai à la coupelle, et je trou-
vai sur son bassin un globule d'or brillant.

Quand on fulmine l'or à l'aide de l'électricité, il
brûle et s'exhale en vapeur violacée, effet qu'on doit

attribuer à l'acide ignifère, qui est un des principes de l'électricité; fait qui est concordant avec l'expérience précitée.

Lorsqu'on entretient un grand feu, et long-temps, à l'aide du charbon, tel que celui qu'il faut pour fondre en grand l'or et l'argent dans les monnaies, il y a une portion de l'acide ignifère, qui est principe des charbons, qui agit sur ces métaux, les brûle et les volatilise, de sorte que la suie qui se trouve dans la cheminée des fourneaux de fusion décèle l'or et l'argent, que j'y ai trouvé dans le rapport de quatre onces par quintal.

C'est à l'aide de la scorification qu'on parvient à l'extraire. Pour cet effet, j'ai fait fondre deux quintaux fictifs de cette suie avec trois quintaux de minium et six quintaux de flux noir; ce mélange entre facilement en fusion. Le creuset étant refroidi et cassé, on trouve au fond un culot de plomb qu'il suffit de coupeler. Il laisse sur son bassin un bouton de fin du poids d'un demi-grain; ce qui fait connaître que les métaux qu'il contient se trouvent dans le rapport de quatre onces dans le quintal de cette suie.

Le bouton de fin, étant composé de parties égales d'argent et d'or, n'a pas été attaqué par l'acide nitreux, ni par l'eau régale; mais, après en avoir fait la quartation, en le coupelant avec trois parties d'argent, ce métal a été dissous par l'acide nitreux, et l'or s'y est trouvé au fond du matras sous forme de poudre noire, à laquelle on a rendu l'éclat métallique par le recuit.

Le gaz acide ignifère a aussi la propriété d'annihiler le zinc, ce que j'ai reconnu en tenant suspendus dans ce gaz des filets très déliés de ce métal.

L'étain a offert le même phénomène, mais il a exigé une fois plus de temps.

De l'argent en feuille ayant été suspendu, à l'aide d'un fil, dans un récipient rempli de gaz ignifère, ce métal a pris une couleur jaune, a éprouvé un mouvement giratoire, et a fini, au bout de vingt-quatre heures, par prendre une couleur d'un blanc mat: étant touché, il était pâteux, et contenait un excès d'acide marin, puisqu'ayant mis une goutte de nitre lunaire dans l'eau qui a servi à le laver, il s'est précipité de la lune cornée.

Quoique je n'emploie pas de feu pour dégager l'acide ignifère de la manganèse sous forme de gaz verdâtre, il entraîne avec lui une partie de l'acide marin qui a servi à le phlogistiquer; ce qui est démontré par le sel qu'on obtient lorsqu'on a saturé de l'alcali fixe par ce gaz acide mixte.

L'argent qui avait été suspendu dans ce gaz se trouvait à l'état de lune cornée, qui s'est fondue lorsqu'on l'eut mise sur les charbons ardents.

Dans cette expérience, c'est l'acide ignifère qui colore et attaque l'argent, dont l'acide marin s'empare ensuite.

Iode (1).

Les chimistes français ont désigné par le mot *iode* un sel particulier qui a été découvert par M. Courtois, qui s'occupe en grand de la régénération des eaux mères du nitre en salpêtre.

L'iode est un sel odorant, volatil, caustique, pyrophorique, lequel, exposé au feu, s'exhale en vapeur violette qui se condense sous forme de cristaux opaques d'un gris métallique.

Pour obtenir l'iode, M. Courtois mêle avec l'eau mère produite par la régénération du salpêtre par son procédé, de l'acide vitriolique qui agit sur la matière grasse de ce résidu, dont il dégage l'iode à l'aide d'un peu de feu.

L'iode est doué d'une pesanteur considérable, qu'on estime être quatre fois plus grande que celle de l'eau.

M. Courtois attribue l'iode au varec ; ce qui m'a été confirmé par M. Clément, qui a reconnu qu'un quintal du sel extrait de la soude de varec, étant décomposé par l'acide vitriolique, produisait près de quatre onces d'iode.

---

(1) Le mot grec ιον signifie *violette*, le mot ιοδε signifie *violacé ;* et s'il était écrit par un *v* et un *ω*, au lieu d'un *ι* simple et d'un ο, il signifierait *suillus*, *stupidus*, *immundus*.

M. Courtois m'ayant donné de son eau mère, qui marquait quarante degrés a l'aréomètre, j'ai versé dans une demi-once de l'alcali fixe déliquescenté : ce mélange a formé un *coagulum* savonneux blanc.

Ayant mis de ce savon dans un creuset rougi, l'eau s'est exhalée ; il s'est produit un peu de décrépitation due à du sel marin qui s'est régénéré lors de la saponification ; il s'est ensuite exhalé une odeur de corne brûlée, due à la matière oléagineuse de l'eau mère.

Ayant desséché dans une capsule d'argent de cette même eau mère, il ne s'est pas dégagé de gaz violet, qu'on ne peut obtenir que par l'intermède de l'acide vitriolique, qui s'empare de la matière oléagineuse de l'eau mère, et met à nu l'iode qu'on dégage de ce mélange à l'aide d'une chaleur équivalente au soixantième degré.

Suivant la quantité d'acide qu'on emploie pour dégager l'iode de l'eau mère de M. Courtois, on obtient plus ou moins d'iode, comme les expériences suivantes le font connaître.

Ayant mêlé deux parties d'eau mère avec une d'acide vitriolique concentré, et agité ce mélange avec un tube, il s'en est dégagé de l'acide marin, qui a été rendu plus sensible lorsque la capsule de verre a été mise sur un tuileau chauffé, et que l'appareil a été couvert avec une cloche de cristal de huit pouces de hauteur sur trois de diamètre. Il s'est dégagé du gaz violet qui s'est concrété sur les parois de la cloche ; ces cristaux parurent d'abord jaunes à leur surface, à raison de l'acide marin dont ils étaient couverts ; mais, dès que cet acide fut exhalé, les cristaux d'iode reprirent leur couleur d'un gris métallique. Ce qui restait dans la capsule offrait çà et là des mamelons noirs, dus à la matière oléagineuse de l'eau mère, noircie par la réaction de l'acide vitriolique. Ces mamelons ayant été détachés et mis sur un charbon ardent, il s'en est dégagé du gaz violet et de l'acide sulfureux très pénétrant.

Si l'on a mêlé un poids égal d'eau mère et d'acide vitriolique, on obtient une fois plus d'iode ; et, lorsqu'on chauffe ce mélange, on voit que la matière oléagineuse a été promptement attaquée, puisqu'elle se dépose au fond du vase sous forme d'une matière noire.

L'iode réduit *en vapeur* agit d'une manière singulière sur l'argent.

Desirant obtenir des cristaux réguliers d'iode, j'ai employé l'appareil que je vais décrire.

J'ai mis deux cents grains de cette substance saline dans une capsule d'argent de deux pouces quatre lignes de diamètre sur quinze lignes de hauteur ; je l'ai posée sur un tuileau pénétré d'environ quatre-vingts degrés de feu ; on a couvert le tout avec une cloche de cristal d'un pied de hauteur sur six pouces de diamètre. L'iode, réduit en vapeur violette, s'est condensé en petites lames parallélipipédiques, opaques, d'un gris métallique.

Comme il restait encore de l'iode dans la capsule

d'argent, on a substitué dessous un autre tuileau également pénétré de feu. Lorsque tout l'iode a été réduit en vapeur, j'ai trouvé sur le fond de la capsule d'argent une tache noirâtre, grenue, d'environ huit lignes de diamètre. Toutes les parois extérieures de la capsule avaient une teinte d'un vert foncé, qui était plus faible sur les parois internes. Cette capsule était encore lisse.

Cette couleur verte n'ayant pu disparaître après avoir récuré cette capsule d'argent avec du sablon et du blanc d'Espagne, je la remis à mon orfèvre, qui crut pouvoir détruire cette couleur en chauffant plusieurs fois cette capsule jusqu'au rouge. Le feu n'a fait qu'affaiblir la teinte verdâtre, et a dégagé une portion de l'iode qui avait pénétré la capsule d'argent, dont la surface s'est couverte d'aspérités (1).

Ayant fait détacher de la cloche de verre les cristaux d'iode, à l'aide d'une barbe de plume, on a reconnu, après les avoir pesés, qu'il y avait eu un quarantième de perte, ou plutôt de combiné avec l'argent. Le fond de la capsule, où était la tache noire, s'est trouvé diminué de plus des deux tiers de son épaisseur; et, lorsqu'on le pressait sous le doigt, il se déprimait, et se restituait avec un petit bruit, dès qu'on avait enlevé le doigt.

---

(1) M. Courtois m'a dit qu'il avait perdu plusieurs grandes chaudières de cuivre, dans lesquelles il avait rapproché l'eau mère qui lui fournit l'iode.

La couleur noirâtre du fond de la capsule est due à un peu de cuivre dont est allié l'argent de vaisselle: de l'alcali volatil fluor dont on a couvert cette tache s'est coloré en bleu.

Dans le dessein de déterminer l'action que l'iode vaporisé pouvait avoir sur le fer ainsi que sur le cuivre, j'ai fait forger des capsules de ces métaux, du diamètre de deux pouces et demi sur un de hauteur. On a mis dans chaque un gros d'iode. Ces capsules ont été posées sur des tuileaux ou fromages de terre chauffés, et recouvertes d'une cloche de cristal d'un pied de hauteur sur quatre pouces de diamètre. L'iode s'est exhalé sous forme de vapeur violette. Les parois des cloches ont été tapissées de cristaux gris, opaques, ayant l'aspect métallique.

La capsule de tôle s'est trouvée, vingt-quatre heures après, contenir un peu de fluide brun jaunâtre; ses parois extérieures étaient aussi recouvertes de gouttes fluides jaunâtres, moins foncées. Les cristaux d'iode qui avaient d'abord tapissé les parois de la cloche avaient disparu, et s'étaient résous en ce fluide jaunâtre.

Ayant étendu de six cents parties d'eau distillée une portion de ce fluide, elle a pris une belle couleur rouge foncé, qui s'est seulement dégradée par une nouvelle quantité d'eau.

La capsule de tôle ayant été lavée avec de l'eau distillée, cette eau a pris une couleur jaune orangé tirant sur le rouge de l'hyacinthe gemme. De l'alcali du

tartre déliquescenté ayant été versé dans cette lessive,
le fer qu'elle tenait en dissolution a produit un précipité bleuâtre.

Ayant fait évaporer de cette lessive, elle répandit
une odeur vireuse, semblable à celle de l'iode. Son
résidu, mis dans un creuset chauffé, produisit du
gaz violet.

L'iode qui avait été vaporisé dans la capsule de
cuivre n'a rien offert de remarquable, sinon que la
couleur rouge de ce métal avait pris une teinte grisâtre; l'iode dont les cristaux tapissaient la cloche est
resté intact; tandis que, dans l'expérience précédente,
le fer paraît avoir exercé une attraction sur ces cristaux d'iode, qui ont formé sur les surfaces intérieure
et extérieure de la capsule de tôle des gouttelettes
jaunâtres.

MM. Clément et Desormes, en rendant compte
des expériences qu'ils ont faites sur l'iode de M. Courtois, ont indiqué que, lorsqu'on le triturait avec du
mercure, il lui procurait une couleur rouge.

Ayant trituré trois cents grains de ce métal avec
trente-six grains d'iode, le mercure a effectivement
pris une couleur rouge. Ayant continué à le tritu-
rer, il a pris une couleur vert olive. Les molécules
de ce métal n'étaient plus sensibles à l'œil.

Ayant distillé ce mélange dans une cornue, on re-
marquait à l'extrémité de cette retorte un enduit jaunâtre : le reste du col était tapissé de mercure et
d'un sel mercuriel iodé, rougeâtre, cristallisé.

L'enduit jaunâtre qui est à l'extrémité du col de la cornue offre un sel mercuriel particulier, lequel, frotté sur une lame d'or, la blanchit aussitôt.

Ayant trituré sous l'eau un pareil mélange de mercure et d'iode, il a pris et conservé une couleur rouge de cinabre. Dans cette expérience, il se forme une chaux rouge de mercure semblable à celle connue sous le nom de *précipité per se*; ce qui indique que l'acide igné est une des parties constituantes de l'iode.

La couleur verdâtre que prend ensuite le mercure me paraît due à de l'acide ignifère; et il se peut que l'acide igné, quoique très pesant, soit rendu très volatil par le gaz acide ignifère, de même que l'acide vitriolique est rendu acide sulfureux très volatil par ce gaz ignifère.

Lorsqu'on agite du mercure avec de la liqueur fumante de Boyle, l'hépar igné, formé par l'acide de la chaux et le phlogistique du soufre, donne une couleur rouge au cinabre qui en résulte.

L'iode combiné avec l'alcali fixe du tartre produit un sel blanc très sapide qui ne s'altère pas à l'air et fuse sur les charbons ardents. Je l'ai obtenu en distillant ensemble deux parties d'alcali et une d'iode avec un huitième d'eau, qui a passé dans les récipients colorée en jaune. Il s'est ensuite dégagé des vapeurs violettes, qui ont cristallisé par le refroidissement.

Ayant étendu d'eau la liqueur jaunâtre, et versé dedans de l'acide vitriolique, il s'est fait un précipité noir, lequel, exposé au feu du chalumeau, s'est

exhalé en vapeur violette : l'acide nitreux a produit
un précipité d'iode semblable. Si l'on verse dans la
dissolution de tartre iodé de l'acide vitriolique, il se
produit une belle couleur rouge.

L'iode, exposé à l'air, s'y évapore en répandant
une odeur vireuse, semblable à celle du gaz ignifère.
Si la température atmosphérienne se trouve élevée à
vingt degrés, l'évaporation est bien plus rapide, et a
même lieu lorsque les ballons ou les bocaux ne sont
bouchés qu'avec un liége.

L'iode, qui se vaporise spontanément, se dissout
dans l'eau, comme le prouve l'expérience suivante.

J'ai mis dans une capsule de verre un flacon à large
ouverture renfermant de l'iode. J'ai mis dans cette
capsule deux lignes d'eau colorée en bleu par la teinture de tournesol. J'ai couvert ce flacon avec une
cloche de cristal de trois pouces de diamètre sur huit
de hauteur. Vingt-quatre heures après, j'ai trouvé
que la teinture bleue était devenue du plus beau vert,
couleur qui est due au mélange du bleu et du jaune.
Cette dernière est produite par la dissolution de l'iode,
qui a la propriété d'être soluble dans cinq cents parties d'eau chaude, à laquelle il communique une belle
couleur jaune ; aussi cette dissolution, mêlée avec la
teinture de tournesol ou celle de violette, lui procure-
t-elle une couleur verte.

Un fait remarquable, c'est que l'iode, dissout dans
l'alcool, lui procure une belle couleur rouge foncée.
La dissolution de l'iode s'y produit à froid, et n'exige

3.

que cinquante parties d'alcool. Lorsqu'on étend d'eau cette dissolution, l'iode se précipite sous forme de poudre noire.

La propriété pyrophorique de l'iode est due à l'acide ignifère concentré, qui est principe de ce sel : acide qui n'a besoin que du phlogistique mis en expansion pour produire du feu, qui se manifeste à l'instant où l'on répand un peu d'iode sur des segments minces de phosphore essorés entre du papier gris et déposés dans une petite cuiller de fer (1).

La propriété pyrophorique de l'iode mis en contact avec le phosphore est en rapport à celle qui a lieu lorsqu'on plonge du phosphore dans du gaz acide ignifère, lequel, se saturant du phlogistique qui en émane, constitue du pyrophore.

L'acide, principe de l'iode, acquiert la propriété fulminante lorsqu'on l'a mis en macération avec de l'alcali v. f., qui lui procure une couleur noirâtre, comme l'a observé, le premier, M. Courtois. On verse ce mélange sur un filtre à travers lequel passe l'excès d'alcali qui a changé la base de l'iode, dont l'acide ignifère, combiné avec l'alcali volatil, forme un sel ammoniacal qui fulmine spontanément lorsque la température atmosphérienne est à vingt-quatre degrés, comme je l'ai éprouvé dans le mois de juillet

---

(1) Ignition qui a échappé à M. Gay-Lussac, et à ceux qui ont travaillé sur l'iode.

1814 : le papier sur lequel était ce sel à dessécher a été brulé.

On sait qu'on n'a pu jusqu'à présent tenter la combinaison de l'acide ignifère avec l'alcali volatil sans encourir le plus grand danger, puisqu'il se fait alors une explosion terrible, dont plusieurs chimistes ont été victimes.

La pesanteur de l'iode, ainsi que le *facies metallica* de ce sel, offrent à la physique des faits neufs et intéressants, puisqu'ils concourent à faire connaître que la substance dite *métalloïde*, obtenue par le voltaïsme, est une combinaison d'acide ignifère plus phlogistiqué que l'iode, dont il a la couleur, mais dont il diffère, en ce que cette espèce de pyrophore s'embrase par le concours de l'eau.

MM. Thénard et Gay-Lussac ont obtenu un pyrophore semblable à celui que fournit le voltaïsme en distillant un mélange de fer et d'alcali fixe. Ils ont nommé ce pyrophore *potassium*.

L'acide ignifère propre à produire du pyrophore est principe de deux substances métalliques, du zinc et du fer, qui lui doivent leur couleur.

L'acide ignifère peut être dégagé du zinc par l'intermède de l'eau, effet qui est très sensible quand ce métal est apposé à du cuivre ou à de l'argent. Dans cette circonstance, il se forme un vrai pyrophore qui a besoin d'avoir, pour excipient, une matière alcaline qui le recouvre; celle-ci dissoute par l'eau, le pyrophore brûle à sa surface.

On n'a pu, jusqu'à présent, dégager l'acide pyrophorique du fer que par un feu violent, à l'aide de l'alcali, qui sert d'intermède.

Je ne connais, parmi les métaux, que le fer et le zinc qui aient la propriété de produire du gaz inflammable lorsqu'on dissout ces métaux par l'acide vitriolique étendu ou par l'acide marin. Si le zinc produit une plus grande quantité de ce gaz, et s'il est plus léger, c'est que l'acide ignifère est en plus grande quantité dans ce dernier métal que dans le fer.

Le pyrophore obtenu par la distillation du fer a été désigné sous le nom de *potassium;* sa couleur est d'un gris métallique : il devient fluide au cinquante-huitième degré du thermomètre. Il faut avoir soin de le fondre en le chauffant sous du naphte. Ce pyrophore est plus mou que la cire, et se laisse pétrir entre les doigts. Cette expérience ne doit se faire que sous le naphte.

Si l'on coupe, avec un canif, une petite portion de *potassium*, et qu'on la projette sur une assiette où il y a de l'eau, ce pyrophore nage à sa surface, y circule avec célérité, en produisant dans l'obscurité une très vive lumière.

Lorsqu'on a employé le natron, ou alcali de la soude, pour produire la décomposition du fer, et obtenir le pyrophore, il est alors nommé *sodium;* il exige quatre-vingt-dix degrés de chaleur pour se fondre. Trois parties de ce *sodium* et une de *potassium* forment un alliage fusible à zéro.

Un trentième de *potassium* fait cristalliser le *sodium*, auquel il donne la couleur de l'argent, comme l'a observé M. Thénard.

M. Bucholz ayant annoncé qu'il avait obtenu un gros de pyrophore en distillant ensemble trois onces d'alcali fixe du tartre, une once et demie de limaille de fer, et six gros de charbon pulvérisé, j'ai introduit pareil mélange dans une cornue de porcelaine placée dans une forge à réverbère, dont le feu était activé par un soufflet horizontal. Il se dégagea d'abord du gaz acide méphitique mêlé de gaz inflammable. Lorsque la cornue fut pénétrée d'assez de feu pour être incandescente, il se dégagea, pendant plus d'une heure, un gaz blanc opaque qui circulait dans le récipient, qui s'éclaircit par le refroidissement.

Je n'ai obtenu aucun indice de pyrophore : se serait-il brûlé par un excès de chaleur? et aurait-il donné naissance à ces vapeurs blanches?

Le résidu de cette distillation était noir, et ne pesait que deux onces et demie; tandis que le mélange qui avait été soumis à la distillation pesait cinq onces deux gros : il a donc perdu plus de moitié.

La lessive de ce résidu ne contenait point de fer; ayant été évaporée jusqu'à siccité, elle a produit six gros d'alcali fixe pur : il y a donc eu dix-huit gros de ce sel qui se seront exhalés à travers les pores de la cornue de porcelaine, dont la surface était hérissée d'aspérités vitreuses et saillantes, produites par la vitrification des cendres, à l'aide de cet alcali.

Analyse du polypier, dont la combustion fournit la soude de vareck.

Les expériences dont je vais rendre compte me paraissent propres à faire connaître le règne auquel on doit rapporter la production marine qui fournit la soude de vareck.

Le mot vareck est anglais, et signifie *naufragé*. Ce nom est donné, sans distinction, aux productions marines arrachées du fond des mers par les vagues.

C'est dans le dessein de m'assurer quelle était l'espèce particulière de vareck qu'on préférait, sur les côtes de la Normandie, pour obtenir ce qui y est connu sous le nom de *soude*, que je me suis procuré de ce vareck, désigné sous le nom de *fucus* par les botanistes, qui le rangent parmi les plantes cryptbgames, parcequ'ils n'y ont pas découvert de parties sexuelles.

Les faits suivants m'ont fait connaître que ce vareck était une espèce particulière de polypier de couleur verdâtre, opaque: il a, ainsi que les madrépores, une base cartilagineuse, flexible, jaunâtre, demitransparente, lorsqu'on l'a dégagé par le moyen de l'acide nitreux, de la terre calcaire, de la magnésie, de la sélénite, et du sel marin, qui étaient renfermés dans les pores de cette espèce de réseau cartilagineux.

Ce polypier flexible est composé de feuilles minces, étroites, spongieuses (1), dont la surface est quelquefois parsemée de madrépores blanchâtres en forme de dentelle.

J'ai obtenu le réseau cartilagineux en mettant ce vareck en macération pendant vingt-quatre heures dans de l'acide nitreux à trente degrés ; il y eut d'abord un peu d'effervescence : ayant retiré ce *fucus*, il fut mis dans de l'eau pure, afin d'en séparer l'acide qui l'avait pénétré ; on essora ce réseau (2) entre des papiers gris : il avait une couleur jaune orangé, et était demi-transparent.

Une partie de ce réseau adhérait au papier gris dans lequel il avait été séché et comprimé entre les feuillets d'un livre. Ce réseau représentait la moitié du poids du polypier.

Ayant mis dans un creuset du vareck desséché, il a répandu, en brûlant, une odeur fétide de corne brûlée, semblable à celle qui s'exhale des madrépores soumis à la même expérience.

La décomposition du vareck par la distillation à feu nu offre des produits remarquables : deux onces quarante-huit grains, ou douze quintaux fictifs de ce

---

(1) Ce polypier, désigné sous le nom de *fucus polymorphus*, étant examiné au microscope, offre une succession de cellules dues à des polypes.

(2) Les espèces de vareck employées comme aliment ne doivent cette propriété qu'au réseau cartilagineux qui sert de base à ces espèces de polypiers flexibles.

fucus bien essoré, ont produit moitié de leur poids d'eau acide de couleur ambrée. L'extrémité du col de la cornue était enduite d'une espèce de beurre noirâtre, fétide. La portion de cette huile figée qui passa dans le récipient était pesante, et adhérait aux parois de ce vaisseau. Il se dégagea, dans cette distillation, quatre pintes de gaz alcalin fétide, mêlé d'acide sulfureux, et une pinte de gaz inflammable.

Le ballon tubulé qui communiquait à la cuve hydropneumatique était rempli de vapeurs blanches produites par de l'acide sulfureux et du gaz alcalin.

La liqueur ambrée rougissait la teinture bleue des violettes, propriété qu'elle doit à de l'acide marin qui s'est manifesté dès qu'on eut versé dedans quelques gouttes de nitre lunaire, qui fut précipité en lune cornée.

Le charbon qui restait dans la cornue ayant été goûté, imprimait la saveur du sel marin, et en même temps celle d'un foie de soufre insupportable.

L'acide sulfureux indique que ce *fucus* contient de la sélénite, dont l'acide vitriolique a formé du soufre en se combinant avec le phlogistique du charbon : ce soufre, s'étant uni au natron que contient ce charbon de vareck, a formé le foie de soufre qui s'y trouve.

L'acide marin que contient l'eau produite par la distillation du vareck a été fourni par la décomposition du sel, opérée par la réaction de l'acide vitriolique, principe de la sélénite.

Le résidu charbonneux de cette distillation, ayant été pulvérisé et lavé, a perdu les sept huitièmes de son poids. L'eau tenait en dissolution du sel marin, du natron, et un peu d'hépar. Ce qui restait sur le filtre était noir, couleur produite par du charbon entremêlé de magnésie, de terre calcaire et de silice.

Ce résidu calciné a perdu les deux tiers de son poids.

Ayant versé sur ces cendres de l'acide nitreux, la magnésie et la terre calcaire s'y sont dissoutes avec effervescence ; ce qui restait était de la silice, qui se trouve, dans ce polypier, dans le rapport de trois livres par quintal.

La soude de vareck, étant devenue un objet de commerce assez considérable, a engagé les riverains à en préparer le plus possible, et l'on a été obligé de limiter le temps où il était permis de recueillir cette production marine. La loi prescrit que ce ne soit qu'après le passage des maquereaux ; elle ordonne aussi que l'ignition du vareck doit se faire sur les terrains éloignés des habitations, et quand le vent n'y porte pas la fumée fétide et malsaine qui s'en exhale.

Le vareck se brûle dans des fosses où ses cendres s'agglutinent par la fusion du sel marin et du natron qu'elles contiennent. Les masses d'un bleu noirâtre qui en résultent ont l'apparence de la soude ; aussi leur en donne-t-on le nom, quoiqu'elles ne contiennent qu'un treizième de natron. C'est le sel marin qui

y domine, puisqu'il y est dans la proportion de trente-
sept livres par quintal, ce que j'ai reconnu en analy-
sant cette soude de vareck, qui m'a produit :

Sel marin, ...   37 liv.
Natron, ...   3
Magnésie, ...   20
Charbon, ...   10
Terre calcaire, ...   10
Q. d., ou silice, ...   20

                         —————
                         100

Afin d'apprécier la quantité de natron qui était en
excès dans le sel marin, et qui donnait à sa dissolution la propriété de verdir la teinture bleue des violettes, j'ai distillé deux parties de ce sel avec une
partie de sel ammoniac, dont il n'y a eu qu'une petite
portion de décomposée, comme je l'ai reconnu en
pesant ce sel qui s'était sublimé dans le col de la cornue, une partie de natron ayant la propriété de dé-
composer une quantité semblable de sel ammoniac.

J'ai apprécié la quantité de magnésie contenue
dans la soude de vareck, en vitriolisant le résidu terreux de cette soude. Pour cet effet, j'ai procédé à la
distillation d'une partie de ce résidu avec deux d'acide
vitriolique concentré, ayant eu soin de tenir, vers la
fin, la cornue rouge. Le résidu lessivé, filtré et éva-
poré, a produit du vitriol de magnésie.

Quant à la terre calcaire contenue dans la soude de

vareck, elle est en partie due au réseau madréporé et à la décomposition de la sélénite par l'intermède du charbon, lequel se trouve, dans la soude de vareck, dans le rapport de dix livres par quintal, ce que j'ai reconnu en torréfiant le résidu terreux de la lessive de cette soude.

Ayant versé de l'acide nitreux sur la cendre grisâtre de ce résidu torréfié, la terre calcaire et la magnésie s'y sont dissoutes avec effervescence. C'est après avoir lavé ce qui restait sur le filtre, l'avoir desséché et pesé, que j'ai reconnu que c'était de la silice ou quartz divisé.

Si je ne fais pas mention du fer contenu dans ce vareck, c'est qu'il y est en trop petite quantité pour être apprécié.

Quoique la soude de vareck contienne, comme on le voit, plus d'un tiers de sel marin, il ne doit pas être employé dans les mets, parcequ'il est avec excès d'alcali, dont M. Courtois a su tirer parti en employant la lessive de soude de vareck pour régénérer l'eau mère du nitre. Alors l'excès d'alcali contenu dans le sel se combine avec l'acide nitreux de l'eau mère ; le sel marin, qui se précipite lors de l'évaporation du nitre régénéré, se trouve plus pur que le sel de gabelle ; aussi se vend-il très bien dans le commerce.

Ayant procédé comparativement à la décomposition du sel marin et de celui retiré du vareck, en versant dessus de l'acide vitriolique concentré, il s'est dégagé du premier du gaz acide marin sous forme de vapeur blanche, tandis que les vapeurs qui ont été produites par la décomposition du sel de vareck avaient une teinte violacée.

La décomposition de ce dernier sel ayant été faite dans une capsule d'argent recouverte d'une cloche de verre, la surface extérieure de la capsule avait pris une couleur noire, semblable à celle qu'elle prend lorsqu'on a décomposé le sel marin fulminant, dit *muriate de potasse suroxigéné*, par l'intermède de l'acide vitriolique.

L'espèce de polypier dont je viens de donner l'analyse est employé aussi en Normandie comme engrais; mais auparavant on le réduit en fumier, en l'abandonnant dans des fosses où l'on a mis alternativement des couches de litière d'étable et du vareck: ce fumier, étant consommé, est connu en Normandie sous le nom de *main*.

Un jeune chimiste français, M. Gaultier de Claubry, desirant déterminer quelle était l'espèce de vareck qui produisait le plus d'iode, a analysé ces productions marines nommées *fucus* par les botanistes. Il résulte de ses expériences que le *fucus saccharinus*, ainsi que le *silicosus*, ont produit non seulement une matière sucrée particulière, mais encore de l'iode.

M. Gaultier dit qu'il suffit de laver et d'essuyer le *fucus saccharinus* pour qu'il se couvre, en se séchant, d'une efflorescence blanche dont la saveur est sucrée.

Ce chimiste n'a pas trouvé vestige d'iode dans les produits de l'analyse de l'eau de mer.

La chimie est redevable à M. Gaultier du moyen de faire connaître la plus petite proportion d'iode contenue dans un fluide: il suffit de le mêler avec de l'amidon et de verser dessus de l'acide vitriolique, qui en dégage une couleur bleue.

Des acides qui se dégagent pendant l'ignition du bois.

La combustion quelconque ne peut avoir lieu qu'à la faveur de la décomposition de l'air par l'intermède du gaz inflammable qui se dégage des corps en ignition. C'est de leur décomposition simultanée que se forme le gaz acide méphitique, premier produit de la combustion.

Il se dégage en même temps du bois de l'acide acéteux, ensuite de l'acide oléagineux empyreumatique(1) et de l'acide igné mêlé d'acide ignifère, lequel modifie le suc des viandes, ou accroît la pesanteur absolue des métaux, qui perdent leur cohésion et offrent une poudre diversement colorée nommée chaux métallique, parcequ'elles sont, ainsi que la chaux calcaire, combinées avec l'acide igné.

---

(1) Il faut éviter de rôtir les viandes à l'aide du feu produit par des bois odorants, dont il se dégage un acide éminemment caustique, qui irrite et cautérise lorsqu'on mange ces viandes.

Si le feu réverbéré pénètre la chaux de plomb, il la rend rouge en la chargeant d'acide ignifère, qui se convertit en gaz déphlogistiqué lorsqu'on distille cette chaux rouge de plomb nommée *minium*. L'acide ignifère qui se dégage pendant la combustion concourt à volatiliser l'or tenu en fusion, puisqu'on retrouve de ce métal, mêlé d'argent, dans la suie des fourneaux des monnaies.

La combustion du bois développe cinq acides distincts, lesquels, répandus dans l'atmosphère, sont propres à absorber les miasmes putrides et pestilentiels, comme Acron et Hippocrate l'ont démontré dans les temps de peste, en faisant brûler des bois secs et odorants à l'entour des malades et dans les carrefours d'Athènes.

Si le feu ne décompose pas l'alcali fixe des cendres, c'est que l'acide igné est un de ses principes.

Propriétés des diverses espèces de charbon.

Le phlogistique combiné, à l'aide du feu et d'une matière huileuse, avec les acides igné et ignifère, constitue essentiellement le charbon.

Le charbon obtenu par la distillation du sang, du cuir ou des cornes des animaux, est spongieux et friable. Il est formé d'acide prussique et d'acide igné saturés de phlogistique. Il contient en outre un peu de fer et de terre animale.

Le charbon obtenu par la distillation des os est

très solide: il est composé d'acide igné et de plus d'un quart d'acide phosphorique , de près de moitié de terre animale , et d'un soixante-quatrième de natron.

Le charbon de terre , séparé du bitume par la distillation, est composé de beaucoup d'acide igné et d'un peu d'acide vitriolique saturés de phlogistique. Il contient en outre plus ou moins de terre argileuse et siliceuse , et renferme souvent de la pyrite martiale.

Le charbon obtenu par la distillation du bois de chêne est réduit au quart du poids. Il est composé d'acide ignifère et d'acide igné saturés de phlogistique. Il recèle de l'alcali fixe , de la magnésie, de la terre calcaire, de la silice , et un peu de fer.

C'est à l'acide ignifère, un des principes du charbon végétal , qu'est due la propriété qu'il a de s'embraser par une forte pression , comme l'a fait connaître, le premier, M. de Caussigny, officier d'artillerie.

Le charbon bien fait , déposé dans des endroits secs, s'y embrase quelquefois spontanément.

On a vu , dans la poudrière d'Essonne , du charbon qui , après avoir passé du bluttoir dans le coffre , a pris feu spontanément.

Le charbon pulvérisé , exposé en tas à l'air , s'y échauffe au point de prendre feu. L'acide ignifère se dégage en partie du charbon pulvérisé. Si l'on filtre à travers du charbon du jus produit par les groseilles, ou des teintures végétales , il passe décoloré radicalement ; décoloration qui a également lieu lorsqu'on mêle ces fluides colorés avec de l'eau qui tient en dissolution du gaz acide ignifère.

L'huile filtrée à travers la poudre de charbon s'y décolore, et devient alors plus propre à être employée à la peinture, puisqu'elle n'y porte pas une couleur jaune ou citrine qui altère la nuance des couleurs.

Le charbon offre, en outre, un excellent antiseptique. Il décompose le foie de soufre, un des produits de la pourriture, et rend potable et limpide l'eau nommée *putréfiée*.

En saupoudrant les viandes avec du charbon pulvérisé, on suspend, on empêche leur putréfaction.

Le charbon a été aussi recommandé par quelques médecins, comme propre à procurer la cicatrice des ulcères phagédéniques, qui sont l'écueil de la chirurgie.

Lors de la combustion du charbon, l'acide ignifère s'en dégage en premier, et concourt à la volatilisation de l'or et de l'argent, comme je l'ai fait connaître. Quant à l'acide igné, il se dégage en dernier pendant la combustion : c'est lui qui s'incarcère dans les métaux qu'on expose à l'action du feu, et qui les réduit en chaux.

Analyse des cendres de bois de chéne.

Le résidu de l'ustion des bois offre une poussière

grise qu'on nomme *cendre* , et *charrée* lorsqu'elle a
été lessivée.

Les cendres de bois de chêne sont composées de
cinq matières distinctes :

De chaux ,

D'alcali fixe ,

De magnésie,

De silice ou quartz divisé ,

De fer.

Un quintal de bois de chêne le plus sec ne laisse ,
après avoir été brûlé, qu'un deux centième de cendre.

Cent livres de ce bois produisent, par la distillation, cinquante livres d'acide acéteux ammoniaqué (1),
d'huile noire pesante , et six mille quatre cents pintes
de gaz inflammable.

Le résidu de cette distillation est noir, sonore ,
friable , et connu sous le nom de *charbon*. Il ne pèse
que le quart du bois qui a été soumis à la distillation.
Il conserve la forme que le bois avait, et ne se trouve
diminué que d'un huitième dans sa longueur et d'un
sixième dans son diamètre.

Le charbon se forme pendant la distillation du
bois : les acides ignifère et igné, qui en étaient principes , s'étant saturés du phlogistique produit par
une partie d'huile brûlée.

---

(1) L'acide acéteux lignique tient en dissolution un peu
d'huile et de sel ammoniac acété , dont l'alcali s'exhale au plus
léger degré de feu.

4.

Le charbon doit donc être défini une espèce de soufre particulier, composé d'acide ignifère et d'acide igné.

Le charbon est poreux, nage à la surface de l'eau, qui le pénètre et augmente son poids de moitié.

L'eau dégage du charbon une partie de l'acide ignifère : aussi est-il susceptible de détruire les couleurs et de modifier les miasmes alcalins putrides.

C'est à cet acide ignifère, pénétré d'eau, que le charbon en poudre, mis en grand tas, doit la propriété de s'échauffer et de prendre feu spontanément: ce qui arrive aussi quelquefois au meilleur charbon nouvellement fait, lequel est, en outre, susceptible de s'embraser sous la meule.

L'acide ignifère contenu dans le charbon concourt à sa combustion, tandis que l'acide igné, qui n'a pas été employé à la confection du gaz inflammable, se répand dans l'acte de l'ignition, s'incarcère dans les corps qu'on lui présente, brûle les êtres organisés en s'emparant de l'eau de leur tissu. Lorsque cet acide s'incarcère dans les terres métalliques, il augmente leur pesanteur absolue.

Le charbon ne brûle qu'à mesure qu'il passe à l'état de gaz inflammable, et son ustion n'a lieu que par le concours du gaz déphlogistiqué, qui fait partie de l'air atmosphérique.

Lorsque le charbon développe sa plus grande intensité de feu, il paraît blanc : ce qui a fait donner à cet état d'ignition le nom d'*incandescence*.

J'ai dit que la cendre de bois de chêne offrait cinq matières distinctes, qu'on peut séparer et reconnaître en procédant de la manière que je vais indiquer.

En passant un barreau aimanté dans de la cendre, il se charge de la petite portion de fer qu'elle contient.

En versant de l'acide nitreux sur de la cendre jusqu'à ce qu'il ne se produise plus d'effervescence, on dissout, par ce moyen, la chaux et la magnésie qu'elle contient. Le résidu lavé, filtré et desséché, offre, par quintal, dix livres de quartz divisé, nommé improprement silice.

On s'assure de la quantité de magnésie contenue dans la cendre en la distillant jusqu'à siccité avec deux parties d'acide vitriolique concentré. Le résidu, lessivé, produit du vitriol de magnésie, et fait connaître que cette terre se trouvait dans la cendre dans le rapport de dix livres par quintal : les soixante-dix livres qui manquent pour le compléter y sont à l'état de chaux : ce que j'ai déterminé en distillant trois parties de cendre avec une partie de sel ammoniac et une demi-partie d'eau : il a passé dans le récipient de l'alcali volatil caustique très pénétrant.

Ayant lessivé avec de l'eau distillée de la cendre de bois de chêne, j'ai reconnu qu'elle contenait par quintal dix livres d'alcali fixe.

C'est afin de déterminer si la cendre du bois de chêne contenait une portioncule d'or, comme celle du sarment et du bois de hêtre, que j'ai eu recours à la scorification. Pour cet effet, j'ai mêlé six cents grains de ces cendres avec trois cents grains de minium, douze cents grains de flux noir, et vingt-quatre grains de poudre de charbon. Le creuset refroidi, j'ai trouvé sous les scories un culot de plomb, lequel, après avoir été coupellé, n'a fourni qu'une minicule d'argent.

J'ai employé le procédé indiqué par Scheele pour reconnaître la présence de la manganèse dans les cendres de bois de chêne. C'est dans ce dessein que j'ai fondu ensemble une once de cendre, trois onces d'alcali fixe et trois gros de nitre. J'ai versé ce mélange fondu dans un mortier de fer : il avait une couleur verte. Après l'avoir pulvérisé, je l'ai fait dissoudre dans de l'eau distillée. J'ai filtré la lessive; et, après avoir versé dedans de l'acide vitriolique jusqu'à saturation, il ne s'est pas précipité, au bout de quelques jours, la terre brune que Scheele dit avoir la propriété de la manganèse.

Ces expériences font connaître que la cendre de bois de chêne ne contient pas d'or ni de manganèse.

L'acide acéteux et l'huile que l'on obtient par la distillation des bois font connaître que c'est au produit d'une véritable fermentation vineuse de la sève qu'est due l'accrétion des végétaux. L'alcali fixe, qui fait la base de leur extrait, ainsi que celui qu'on retire de la lessive de leur cendre, est également le produit de la fermentation vineuse.

On pourrait ajouter que l'odeur vineuse qui se

dégage lorsqu'on scie les bois en long est encore une preuve de cette théorie.

Quant à la magnésie, au quartz divisé, et à la terre calcaire, qui constituent la cendre des végétaux, ainsi que le fer, ces substances puisent leurs éléments dans l'atmosphère, ainsi que le quartz, la magnésie, l'alumine, le soufre, et le fer, qui constituent les aérolites ou pierres météoriques.

Du calorique.

Le mot *calorique* doit être réservé pour désigner la chaleur atmosphérienne, qui est le produit de la combinaison de la lumière solaire avec du gaz déphlogistiqué, un des principes de l'air, d'où résulte un pyrophore particulier, dont l'ustion, qui a lieu sans odeur, est la cause du calorique, dont la nature a limité le terme; puisque, dans les plus grandes chaleurs de l'été, le mercure ne s'élève, dans le thermomètre de Réaumur, qu'à trente-deux degrés, qui est aussi celui de la chaleur vitale.

Le calorique concourt à la putréfaction des eaux séléniteuses, qui doivent leur odeur à un foie de soufre calcaire, à la confection duquel a concouru le calorique, en cédant du phlogistique à l'acide vitriolique, qui est une des parties constituantes de la sélénite.

J'ai fait connaître, dans l'article suivant, que le calorique dissolvait et neutralisait le frigorique, ce qui est prouvé par la congélation de l'eau dans le vide.

J'ai indiqué, dans ce même article, que l'émanation frigorifique de la glace était rayonnante comme la chaleur.

Le calorique est aussi rayonnant, et, si l'on contraint une grande quantité de ses rayons à coïncider, après avoir été reçus dans un miroir concave, ou à travers une loupe, la somme de chaleur accumulée en un seul point manifeste le feu le plus actif auquel l'air ambiant concourt, puisque l'atmosphère qui environne cet appareil est chargée de gaz acide méphitique, dont on démontre la présence en tenant dans son atmosphère des assiettes sur la surface desquelles on a mis de l'alcali fixe déliquescenté.

L'étiologie que je donne de la formation du calorique, opérée par la décomposition simultanée d'une partie de la lumière solaire et du gaz déphlogistiqué atmosphérien, avait été entrevue par le célèbre Deluc, qui dit, page 530 du cinquième volume de son Histoire de la terre : « Que les rayons du soleil « ne sont point chauds, et qu'ils ne sont cause de la « chaleur que par leur pouvoir de mettre en activité « une cause résidente dans notre globe et son atmo- « sphère, et qui est ainsi la cause immédiate de la « chaleur. »

Du frigorique.

Le frigorique me paraît être un météore particulier, ce qui semble aussi avoir été le sentiment de Gassendi, de Mussembroeck (1).

Horace, en parlant du froid, s'exprime par ce vers :

Dissolve frigus large super focum ligna deponens.

Le frigorique qui fait partie de l'eau y est tenu en dissolution par le calorique, de sorte qu'elle est réduite à l'état de glace dès qu'on a dégagé ce gaz en mettant de l'eau dans une capsule sous le récipient d'une machine pneumatique où l'on établit le vide.

Le gaz calorique s'échappe sous forme de vésicule lorsque la congélation commence. Le frigorique est le plus léger des météores; aussi se trouve-t-il dans la région supérieure de l'atmosphère, au-dessus des nuées mêmes.

C'est à la légèreté spécifique du frigorique interposé dans l'eau glacée qu'est due la légèreté des glaçons.

Lorsque l'eau s'est saturée de frigorique, elle constitue le sel qu'on nomme glace, lequel, en cristallisant, se dilate au point d'exercer un effort propre à

---

(1) M. Bres a publié, en 1800, un Mémoire sur le frigorique, dans lequel il dit qu'il provient des pôles.

faire éclater une bombe remplie d'eau, exposée à un froid de vingt-cinq à trente degrés.

Il s'échappe de la glace du frigorique rayonnant, qu'on peut rassembler en faisant usage du miroir de Gaertner.

Tous les êtres organisés éprouvent, par le froid, des sensations relatives à l'intensité du frigorique. Les extrémités rougissent, deviennent cuisantes, et si le froid est assez fort pour que la congélation des fluides qui circulent dans les vaisseaux qui constituent les muscles se soient gelés, ces vaisseaux se rompent, la partie se sphacèle, et il s'établit une destruction gangreneuse.

Les anguilles peuvent être gelées sans que leur système vital soit anéanti. M. de Schowalof, allant de Pétersbourg à Moscow, emporta des anguilles réunies entre elles par des glaçons. A son arrivée, on les mit, dans un lieu tempéré, dans un baquet avec de l'eau; peu de temps après elles reprirent le mouvement vital.

Les hommes qui ont échappé à la malheureuse expédition de Moscow ont été témoins de l'effet terrible que produit le frigorique, lorsqu'il est assez fort pour opérer la destruction vitale. Celui qui en est frappé reste immobile comme un hébêté, tourne deux ou trois fois la téte, et tombe mort.

De l'utilité de la Docimasie, ou Art d'essayer les minéraux.

Non possnnt oculi naturam cognoscere rerum.

L'art des mines ne peut se perfectionner qu'à l'aide de la docimasie, qui enseigne le moyen de les ana‑ lyser.

Il est donc nécessaire que les hommes qui sont des‑ tinés à surveiller leurs exploitations, ainsi que ceux qui écrivent en minéralogie, soient très versés dans la docimasie.

La docimasie exige non seulement les connaissan‑ ces réunies de la saine chimie, mais encore des ba‑ lances de la plus grande sensibilité, puisque le pro‑ duit d'un essai n'offre souvent, pour un quintal fictif, qu'un trente-sixième de grain de fin, lequel, reporté au quintal réel, représente trois gros quarante grains.

Le départ est l'opération docimastique la plus dé‑ licate, qui exige toutes les précautions que j'ai indi‑ quées dans mes Institutions de physique.

Il est bien démontré aujourd'hui qu'il n'y a que l'analyse des mines qui puisse faire connaître avec précision la nature et la quantité des diverses subs‑ tances métalliques qu'elles contiennent, et celles de leurs minéralisateurs.

Si les ouvrages publiés par Henckel, Wallerius et

Cronstedt , l'emportent sur ceux qui ont écrit depuis en minéralogie, c'est qu'ils ne l'ont fait que d'a-
près leurs expériences ; tandis que ceux qui nous
donnent aujourd'hui des traités de minéralogie ne
sont que des compilateurs qui transmettent quelques
vérités et beaucoup d'erreurs.

Pour moi , livré depuis plus de cinquante années
à la recherche de nouvelles vérités , j'ai été , entre
autres , assez heureux pour faire des découvertes qui
ont beaucoup accru le domaine de la minéralogie.
La preuve s'en trouve dans mes Institutions de physique.

J'ai fait connaître que l'acide phosphorique se
trouve dans la nature, combiné avec des substances
métalliques et avec diverses terres.

J'ai démontré l'existence de l'acide ignifère , dont
les autres acides ne sont que des modifications. Cet
acide ignifère est partie constituante de la manganèse ,
du mercure , du zinc , de la mine de cuivre arénacée
verte du Pérou. Cet acide se trouve aussi combiné
avec la terre calcaire.

J'ai fait connaître que quelques substances métalliques se trouvent combinées avec une matière oléagineuse : la malachite , la mine de fer spathiforme
blanche , la mine blanche de plomb , la pierre calaminaire , en sont des exemples, ainsi que l'argent
corné.

J'ai démontré que , dans l'azur de cuivre , ce métal s'y trouve combiné avec l'alcali volatil ; que la dé-

composition spontanée de ce sel donne naissance à la malachite.

J'ai retiré, par la distillation du gaestein , un cinquième d'eau, ce qui prouve que cette pierre n'est pas un verre volcanique , comme l'a annoncé Dolomieu.

J'ai démontré qu'on avait attribué gratuitement des propriétés magnétiques au cobalt et au nickel : propriétés qui disparaissent quand on a enlevé , par des sublimations répétées avec le sel ammoniac , le fer dont ces métaux sont alliés.

Je me suis attaché à prouver qu'il était impossible d'avoir une connaissance lithognosique exacte en procédant à l'analyse des pierres par leur fusion avec l'alcali caustique, qui modifie et dénature leur base : ce qui a fait avancer à nos analyseurs que le saphir était composé de quatre-vingt-dix-huit parties d'alumine et de deux de fer.

C'est à l'aide de la vitriolisation que j'ai fait connaître que ce que nos novateurs ont désigné sous le nom de *mine de fer chromatée* ne contenait point de fer , mais une chaux particulière de chrôme , mêlée de terre adamantine.

L'analyse des tourbes pyriteuses de Beaurain m'a fait connaître que l'eau était l'auxiliaire de l'inflammation du fer et du soufre, et qu'il fallait qu'elle se rencontrât dans le mélange dans le rapport de plus du tiers.

MM. Biot et Thénard , ayant cru pouvoir infirmer

ce que j'ai avancé dans l'analyse de l'arragonite , qui
contient de la magnésie et de l'alumine , vinrent lire
un Mémoire dans lequel ils cherchaient à démontrer
que ce spath ne différait en rien de celui qu'ils nom-
ment *carbonate de chaux.* Quoiqu'aujourd'hui messieurs Stromeyer et Laugier annoncent qu'il s'y trouve
de la strontiane , je persiste à soutenir que si les uns
et les autres eussent procédé comme moi à la vitriolisation de l'arragonite, comme je l'ai indiqué p. 35o
du 1er vol. de mes Institutions de physique, ils au-
raient reconnu que l'arragonite contient, par quintal,
une livre de magnésie et quatre onces d'alumine.

J'ai fait connaître , en 1772, que ce qui était alors
désigné sous les noms d'*alcali phlogistiqué*, d'*alcali
savonneux* de Geoffroy, était un sel neutre composé
d'alcali fixe et d'un acide particulier qui existe dans
le sang, le cuir et la corne des animaux. J'ai désigné
cet acide par l'épithète *prussique*, parcequ'il est un
des principes du bleu de Prusse.

Scheele ayant distillé le tartre prussique, ainsi que
les sels de même nature, en a retiré un acide qui est
un des plus grands poisons connus, soit qu'on en ait
pris intérieurement, soit qu'on en ait appliqué sur
la surface du corps : ce qui est démontré par la mort
rapide de M. Scharinger, qui a eu lieu à Vienne en
1814 : ce chimiste avait frotté son bras , nu, avec de
l'acide prussique.

M. Robert, de l'académie royale de Rouen, a fait
des expériences qui démontrent que l'acide prussique ;

sous forme de gaz ou étendu d'esprit de vin, donnait la mort, dans peu d'instants, à des chiens d'une forte taille, auxquels on avait fait avaler de cet acide étendu d'eau.

Les feuilles de laurier-cerise, les fleurs de pêcher et les amandes amères, produisent, par la distillation avec de l'eau, de l'acide prussique.

J'ai vu un professeur d'anatomie qui frappait de mort instantanément les chiens auxquels il faisait avaler une cuillerée d'eau distillée de laurier-cerise.

Le sirop de fleurs de pêcher est employé comme purgatif.

Les amandes amères font périr les oiseaux et les perroquets qui en mangent.

Moyen d'extraire le zinc de la pierre calaminaire.

La France doit à M. Dony le moyen de réduire en grand la mine de zinc terreuse, nommée *pierre calaminaire*, et *cadmie* (1) *minérale*. On en trouve

---

(1) Le mot *cadmie* ne doit pas être employé pour caractériser la mine de zinc terreuse, puisqu'il a été consacré pour désigner la chaux de zinc agglutinée avec de la cendre par le moyen du feu. Ce sublimé gris et solide est aussi connu sous le nom de *tuthie*, *spodium* des Latins, dérivé du grec *spodia*, qui signifie cendre. La cadmie disposée par couches a été nommée par les Grecs *clinia*, qui signifie couche.

des mines considérables dans les environs de Liége; telles sont celles dites de la *Vieille Montagne*, qui offre cette mine de zinc dans deux états: l'une, d'un blanc jaunâtre, présente, dans sa cassure, de petits cristaux rhomboïdes aigus; l'autre variété, qui a une teinte rougeâtre, est plus pesante, et n'offre point de cristaux; elle est connue sous le nom de *kralher.*

Ces deux espèces de calamines contiennent essentiellement du quartz divisé combiné avec la chaux de zinc. Le quartz ou silice se trouve dans le rapport de cinquante livres par quintal dans la première calamine; la chaux de zinc de quarante-deux. Elle produit, par la distillation, huit livres d'eau mêlée d'acide marin.

C'est par la vitriolisation qu'on parvient à s'assurer de la quantité de quartz divisé que la calamine contient.

Le kralher contient, par quintal, dix-sept livres de silice de moins, et dix-sept livres de chaux de zinc en plus.

L'acide nitreux convertit en gelée blanche la calamine dans laquelle la silice se trouve dans la proportion de moitié.

Dans le travail en grand, on commence par torréfier la calamine, afin de la réduire facilement en poudre, qu'on mêle avec un vingtième de charbon pulvérisé. On soumet ce mélange à la distillation dans des espèces de *cuines* en fer placées sur une galère à réverbère. Après avoir ajouté un tuyau de fer au col de ce vaisseau sublimatoire, le zinc sublimé s'attache aux parois de ce tuyau. Pendant cette réduction, il sort par l'extrémité du tuyau une flamme vive produite par le gaz inflammable dû au charbon : elle est accompagnée de flocons de chaux blanche (1) de zinc.

M. Dony emploie dans chaque opération quatre mille livres de pierre calaminaire, qui produisent douze cents livres de zinc, qui se vend 18 sous la livre dans le commerce.

Le zinc de M. Dony est égal en pureté à celui qu'on tirait de l'Inde, lequel était connu sous le nom de *toutenague.*

L'eau a de l'action sur le zinc, et lui communique une saveur qui lui est propre.

Si les acides n'avaient point d'action sur ce métal, il pourrait être employé pour les ustensiles de cuisine.

Réduction de la galène, ou mine de plomb sulfureuse, par l'intermède du fer.

Stahl a indiqué qu'on pouvait séparer le soufre qui minéralise l'antimoine en fondant ce minéral pulvérisé avec de la limaille de fer. Mais le régule qui en

---

(1) Connue sous le nom de *pompholix,* mot grec qui signifie *bulla eminens.*

résulte retient toujours un peu de fer. Ce métal est aussi employé pour la revivification du cinabre en mercure.

La réduction de la galène par l'intermède du fer offre à la docimasie un moyen plus exact que ceux employés jusqu'à présent pour en retirer rigoureusement la quantité de métal contenue dans cette mine de plomb sulfureuse, qui est essentiellement formée de trois substances distinctes, comme je l'ai fait connaître.

Un quintal de galène quelconque contient le quart de son poids de terre calcaire et un douzième de soufre, qui s'y trouve à l'état d'*hépar*, qui se manifeste lorsqu'on a renfermé dans un bocal de la galène avec une coupelle sur le bassin de laquelle adhère un bouton d'argent, qui ne tarde pas à perdre son brillant métallique et à devenir noir par l'émanation du gaz hépatique qui se dégage de la galène; gaz dont l'odeur devient insupportable lorsqu'on humecte cette mine pulvérisée avec de l'acide vitriolique concentré.

On opère la réduction de la galène en mêlant quatre parties de cette mine pulvérisée avec un cinquième de limaille de fer; on expose ce mélange dans un creuset à l'action d'un feu vif, où il entre en fusion liquide. Le creuset refroidi et cassé, on trouve sous la scorie martiale le plomb sous forme d'un culot ductile.

La scorie brunâtre est formée de terre calcaire qui a déterminé la scorification vitreuse du fer.

J'ai toujours employé dans ces expériences une once vingt-quatre grains de galène et deux gros de limaille de fer. Ces six cents grains de mine de plomb sulfureuse contiennent cent cinquante grains de terre calcaire, qui suffisent pour scorifier le fer.

Dans trois essais faits successivement avec la même mine, le produit en plomb ayant été constamment le même, c'est-à-dire de soixante-six livres par quintal, il en résulte que ce moyen de procéder à l'essai de la galène est préférable à tout autre, puisqu'il n'y a pas de déficit sensible.

Dans un quatrième essai, où j'ai employé un tiers de fer au lieu d'un cinquième, la fusion a été plus difficile, mais elle a produit dix livres de plomb en plus.

Ayant torréfié de cette même galène, et l'ayant ensuite fondue avec trois parties de flux noir, elle n'a produit que cinquante-six livres de plomb par·quintal : ce qui fait connaître que ce flux alcalin dissout une partie du plomb, puisque cette même galène, traitée avec le fer, a produit soixante-six livres de plomb par quintal. Ce dernier moyen est donc beaucoup plus avantageux, puisqu'il fournit dix livres de plomb de plus par quintal de galène.

J'ai appris de M. le baron de Blumenstein qu'il emploie en grand, avec avantage, le fer (1) pour concourir

---

(1) M. de Blumenstein emploie dans ses travaux de la vieille ferraille pour intermède ; les mines de fer terreuses et globu-

à la réduction de ses mines de plomb, et qu'il opère en trois heures, à l'aide de cet intermède, ce qui exige plusieurs jours par la voie ordinaire. Il se sert du fourneau de réverbère anglais, dont il alimente le feu par du charbon de terre.

Par ce moyen, on n'est pas obligé d'avoir recours à la torréfaction préliminaire pour dégager le soufre de la galène.

En employant le procédé de M. de Blumenstein, on a un dixième de plomb en plus que par le moyen ordinaire, où l'on procède par la torréfaction au fourneau de réverbère, en saupoudrant de poussière de charbon et de chaux éteinte la galène torréfiée, et en portant ensuite ce qui reste après la première coulée du plomb au fourneau à manche, pour en extraire les dernières portions de ce métal.

Procédé pour convertir le minium en massicot.

Le plomb, dépouillé du principe de la métalléité, se présente sous forme pulvérulente de diverses couleurs.

A l'état de chaux blanche, on le nomme *céruse.*

---

leuses y sont également propres. Lorsqu'on emploie des copeaux de fer, la réduction va beaucoup plus vite, de manière qu'il s'en produit quatre dans le temps où l'on n'en opère qu'une par la vieille ferraille.

Le plomb se présente sous forme de poudre grisâtre quand il a été fondu et que sa surface a reçu le contact de l'air.

Si cette chaux grise a été exposée pendant plusieurs jours à la réverbération du feu, elle devient d'un beau rouge et prend le nom de *minium*. Celui-ci, exposé au feu dans une cornue, perd sa couleur, et devient d'un jaune citrin ; couleur qui est propre à la litharge feuilletée. Quatre parties de cette chaux de plomb cristallisée, étant fondues avec une partie de quartz pur, produisent la topaze artificielle du plus beau jaune.

C'est aussi au massicot que le *giallolino* (1), ou jaune de Naples, doit sa couleur.

Le feu réverbéré introduit dans la chaux de plomb de l'acide ignifère, qui lui procure une belle couleur rouge ; si l'on expose le *minium* à un degré de feu supérieur à celui qui a été nécessaire pour cette nouvelle combinaison, on dégage, par la distillation de quatre onces de ce *minium*, une pinte et demie de gaz déphlogistiqué. Le résidu de cette opération offre un *massicot* d'un beau jaune lorsqu'il a été pulvérisé.

On obtient de la même quantité de *minium*, dis-

----

(1) Le jaune de Naples, ou *giallolino*, se prépare en calcinant ensemble : céruse, douze onces ; antimoine diaphorétique, deux onces ; sel ammoniac, une demi-once ; alun calciné, une demi-once : on soumet ce mélange, pendant trois heures, à l'action d'un feu propre à le tenir rouge.

tillée avec deux onces d'acide vitriolique, trois pintes
de gaz déphlogistiqué.

L'acide ignifère n'existant pas dans la litharge, elle
ne produit point, par la distillation, de gaz déphlogistiqué. Quatre onces de ce verre feuilleté de plomb
ont produit, par la distillation, une pinte de gaz
acide méphitique.

La même quantité de litharge pulvérisée, ayant été
distillée avec deux onces d'acide vitriolique, a produit du gaz hépatique et du gaz acide sulfureux en
petite quantité.

La chaux jaune de plomb, connue sous le nom de
massicot, est employée dans la peinture, et substi-
tuée avec avantage à la mine d'arsenic jaune nommée
orpiment, *oripigmentum*, mot qui désigne qu'on l'a
employée en peinture pour représenter la couleur
jaune de l'or. Mais cette chaux d'arsenic sulfurée noir-
cit à l'air, ne s'empâte point avec l'huile comme le
massicot, qui s'y altère beaucoup moins.

La conversion du minium en massicot, par la distillation de cette chaux de plomb, offre un moyen
d'obtenir ce jaune métallique d'une nuance égale.

On trouve, page 388 du 3e volume de l'ouvrage de
M. Chaptal, qui a pour titre, *Chimie applicable aux
arts*, des détails très intéressants sur la manière de
préparer le minium (1). Il y indique que le plomb,

---

(1) Il y a à Paris deux manufactures de minium dirigées par

en passant à l'état de chaux grise, augmente de
dix livres par quintal; et que, lorsqu'il a acquis une
couleur rouge par la réverbération du feu, il acquiert
par ce moyen cinq livres de plus.

Ce savant insiste, entre autres, sur la nécessité
d'employer du plomb pur pour la préparation du
minium, puisque la beauté et la transparence du
cristal, dans la confection duquel on le fait entrer,
dépend de cette pureté. En effet, si le plomb qui a
été converti en minium contenait de l'étain, la chaux
de ce métal introduite dans ce cristal lui procurerait
une teinte laiteuse.

Si le plomb contient du cuivre, le cristal prend
une couleur enfumée qui tire sur le brun.

On peut déterminer si le minium contient du
cuivre, en fondant quatre onces de cette chaux rouge
de plomb avec une once de sablon : alors le verre qui
en résulte prend une belle couleur émeraude; tandis
que si le minium contient de l'étain, le verre jaune
topaze qu'on obtient est nébuleux.

Les expériences précitées font connaître que la
chaux grise de plomb s'empreint, par la réverbération du feu soutenu pendant l'espace de quarante-
huit heures, d'un acide particulier, que j'ai désigné
sous le nom d'ignifère, parcequ'il coucourt à former

MM. les frères Paillard; M. Pécard, à Tours, dirige aussi une
manufacture de *minium*.

le gaz déphlogistiqué, qui est, à proprement parler, l'essence du feu.

La chaux grise de plomb, ainsi que le massicot et la litharge, ne contiennent que de l'acide igné, qui est la cause de la vitrification de cette chaux de plomb.

La décomposition du sel ammoniac, opérée par l'intermède de trois parties de *minium*, produit de l'alcali volatil, qui fait effervescence avec les acides; tandis que, lorsqu'on a opéré en employant de la litharge pulvérisée, l'alcali volatil qu'on obtient ne produit point d'effervescence, parcequ'il est dans le même état que celui qui a été dégagé par l'intermède de la chaux calcaire.

De la nature des diverses espèces de chaux métalliques.

Bayen, célèbre chimiste français, a fait connaître que la chaux rouge de mercure pouvait être revivifiée en la soumettant à l'action du feu dans une cornue; qu'il s'en dégageait un fluide élastique aériforme, que Priestley a nommé *air déphlogistiqué*. Ce gaz est une modification particulière de l'acide ignifère par l'action du feu, comme je l'ai fait connaître; et il n'y a que les corps où cet acide ignifère est principe qui sont susceptibles de produire du gaz déphlogistiqué par la distillation : le minium, la manganèse, la chaux blanche de zinc, le nitre, le sel ignifère fulminant, en sont des exemples.

La chaux de plomb nommée *minium* doit sa couleur rouge à de l'acide ignifère, lequel, ayant été modifié par la distillation, fournit du gaz déphlogistiqué.

Ce qui reste dans la cornue est de la chaux de
plomb, c'est-à-dire une combinaison d'acide igné
avec la terre, base du plomb. Ce sel, exposé au feu,
y fond, et produit, par le refroidissement, une espèce
de verre feuilleté jaunâtre, connu sous le nom de
litharge.

C'est à l'acide ignifère combiné avec le mercure
que la chaux de ce métal doit sa couleur rouge. Cet
acide neutralise la chaux de mercure, avec laquelle il
forme un sel insipide. L'acide ignifère se trouve naturellement combiné avec des terres métalliques, auxquelles il donne une couleur grise; la manganèse et
le zinc en offrent des exemples, ainsi que le fer :
c'est cet acide qui concourt à leur propriété électrifiable et à la confection du pyrophore voltaïque.

C'est à ce même acide ignifère que les dissolutions
du zinc et du fer, opérées par les acides vitriolique
ou marin, doivent la propriété de produire du gaz
inflammable.

Quoiqu'il n'y ait que les chaux de mercure, de *minium*, de zinc et la manganèse, qui produisent du gaz
déphlogistiqué par la distillation, et que les autres
chaux métalliques ne soient formées que d'acide igné
combiné avec leurs terres propres, acide qui est

congénère de celui qui constitue la chaux vive; cependant les sectaires fidèles de la doctrine lavoisienne affirment toujours que les chaux métalliques sont composées de gaz déphlogistiqué, qu'ils ont nommé *oxigène.*

Ces novateurs ont aussi éliminé le mot *chaux,* pour y substituer celui d'*oxide*, qui ne peut signifier que vinaigre, puisqu'il est dérivé d'*oxidos*, génitif du mot grec *oxis*, qui signifie *vinaigrier.* Leur mot *oxigène* ne signifie lui-même que *fils de vinaigrier ;* et, lorsque ces mêmes savans définissent l'eau par la phrase *oxide d'hydrogène*, ils disent *vinaigre fil de l'eau.* Et c'est par un pareil jargon que s'expriment nos docteurs admirables !

Métachimie, nommée Chimie française.

Toute doctrine qui rapporte les faits à des causes abstraites ne peut être considérée comme une science exacte : tel est l'état de ce qu'on nomme aujourd'hui *chimie française*, que deux amateurs, qui ont eu pour but de passer pour chefs de sectes, sont parvenus à faire adopter : l'un, qui était magistrat (1), a

---

(1) Ce magistrat, avocat-général du parlement de Dijon, voulant cultiver la chimie sans qu'il lui en coûtât rien, obtint des états de Dijon de payer les frais des expériences d'un cours qu'il ouvrit dans cette ville.

forgé une nouvelle nomenclature ; l'autre, qui était financier, tenait bureau de science ; et c'est dans ces agapes que ces parasites donnèrent le nom de *théorème* à leurs paradoxes.

Ces deux obscurants sont parvenus à leur but : à peine leurs élèves savent-ils que la chimie doit sa naissance aux découvertes des Stahl, des Boerrhaave, des Bergman, des Scheele, des Bayen, des Pelletier, etc., qui ont tous admis les mêmes principes et employé la même nomenclature.

Les Français qui ne se sont pas soumis à l'opinion de nos novateurs en ont été persécutés : la révolution leur en a donné les moyens ; et le magistrat dont le néologisme avait été rejeté par l'Académie des sciences se vengea lorsqu'il fut membre du comité de salut public, ou plutôt de *mortalité* : il fit casser l'Académie des sciences et substituer la société qu'on nomme *Institut*, qui ouvrit une vaste porte aux frères et amis. On élimina les savants de l'Académie dont on connaissait le dévouement à la famille des Bourbons.

Je ne fus point compris dans la liste républicaine : aussi écrivis-je à l'Institut qu'on m'avait rendu service ; que j'aurais rougi de me trouver assis à côté d'hommes qui m'avaient précipité dans les cachots, afin de s'emparer de mes places sans opposition.

On m'alléguera peut-être : *vous êtes cependant aujourd'hui membre de l'Institut ; ce qui est vrai ;* et ce n'est qu'à l'époque où, privé de toute ma fortune et n'ayant plus de quoi exister, je réclamai le droit légitime de jouir des 1,500 fr. attribués aux membres, puisqu'en supprimant l'Académie, on m'avait privé de la pension de mille écus dont je jouissais.

On sait que c'est le citoyen Guyton qui, ayant voulu s'assurer des places et dominer les sciences, fit créer l'école polytechnique, dont il fut nommé directeur. Il y joignit les attributions de l'école royale des mines, qui avait été créée en ma faveur, et fit passer un décret qui enjoignait qu'à l'avenir on n'admettrait dans le corps des mines que les élèves de l'école polytechnique. C'est pour leur instruction qu'il fit construire dans le palais Bourbon vingt-quatre laboratoires de chimie, que le ministre Chaptal réduisit à un.

Le principal but du néologiste bourguignon étant de perpétuer sa nomenclature, il finit par se travestir en maître de chimie pour les six cents élèves de l'école, auxquels il inculqua aussi la doctrine lavoisienne.

Il fut arrêté qu'on ne désignerait aux places pour l'enseignement que ceux qui s'engageraient à suivre les principes de l'école. Notre magistrat, ou, pour mieux dire, notre magister, qui s'était rendu formidable par ses actions dans le comité de salut public et par son *vote*, fut élevé aux dignités et aux places pendant ce temps d'horrible mémoire.

On est étonné que l'éloquent avocat-général du parlement de Dijon ait engendré une nomenclature

Insignifiante et sans euphonie : il l'adressa en 1780 à l'Académie royale des sciences de Paris, qui lui répondit *qu'elle s'occupait de faits et non de mots.*

Ce néologiste en appela à la société de l'Arsenal, présidée par Lavoisier, fermier-général. On sait que c'est dans les agapes hebdomadaires qu'il donnait, qu'on tenait bureau de sciences.

Ces Aristarques convoquèrent un concile chimique pour légaliser la nomenclature guytonienne. Je fus invité à y assister. Je répondis que je ne m'y rendrais pas, parceque je regardais leur néologisme comme une charlatanerie, et que j'estimais que le technique des sciences était un fonds public et sacré qu'il fallait respecter, et que j'étais du sentiment de Voltaire, qui a dit :

> Si vous ne pensez pas, créez de nouveaux mots ;
> Donnez du gigantesque, étourdissez les sots.

Le conciliabule de l'Arsenal regarda le néologisme guytonien comme une *idée précieuse.* Fourcroy, Lavoisier, Berthollet, le prônèrent à l'Académie, qui nomma Darcet et moi pour lui faire un rapport sur cette nomenclature. Les conclusions de ce rapport furent que, quoiqu'il n'y avait pas de nécessité de changer le technique chimique, on n'avait pas le droit d'empêcher que Guyton et ses collaborateurs publiassent leur nomenclature, qui ne prospéra pas d'abord. C'est ce qui détermina, en 1793, Fourcroy

à annoncer à la société de l'Arsenal qu'il trouverait
bien le moyen de la faire adopter révolutionnairement.
Fourcroy était du comité de salut public, et suppléant
de Marat à la Convention; un reste de terreur était
encore à l'ordre du jour: il écarta les professeurs de
leurs chaires et s'y substitua. Ce forcené patriote
faisait sept leçons par jour.

Les professeurs, voulant conserver leurs places,
se rangèrent sous la bannière du tout-puissant directeur de l'instruction publique, qui ordonna qu'on
n'admettrait comme candidats dans les écoles de phar-
macie et de médecine que les élèves qui seraient or-
thodoxes, et qu'on ne décernerait les places de professeurs qu'après qu'on se serait assuré qu'ils ensei-
gneraient la doctrine lavoisienne et n'emploieraient
que la nomenclature guytonienne.

Avant la révolution, le technique des sciences
avait été respecté. Mais les temps de révolution sont
des temps de folie : « Jamais il n'y a eu moins de rai-
« son que lorsqu'on élevait des autels à la Raison. »
Les restaurateurs de Paris changèrent le nom des
poires de *bon chrétien* en celui de *bon républicain*,
et le nom de poires de *cuisses madame* en celui de
cuisses de citoyenne.

La Convention nationale changeait aussi, dans le
même temps, les noms des mois, ainsi que ceux de
la semaine; elle ordonna non seulement que les noms
des saints fussent effacés du calendrier, elle exigea
aussi que des particuliers se désistassent de leurs

noms, et il fut ordonné à madame de Saint-Janvier de prendre celui de *Nivose*.

Ayant lu une comédie en un acte et en prose qui a pour titre *la Néologomanie*, et ayant trouvé que la sixième scène de cette comédie offrait tout ce qui s'est passé dans le conciliabule néologique, j'ai cru devoir transcrire cette scène, où sept acteurs sont en jeu :

OXIPHILE.

TÉLÉSIA.

MÉPHITOGÈNE.

MICROMÉGAS.

CALOLOGUE.

AMPHIBOLIN.

ONOPHILE.

OXIPHILE.

Messieurs ! vous savez que nous avons pour but de faire adopter une nouvelle nomenclature physico-chimique. Secondés par vous, Messieurs, nous saurons forcer l'opinion publique. Il faut élire parmi nous un secrétaire ; fonctions que remplira bien ma chère Télésia : ce qui fut adopté.

MÉPHITOGÉNE.

Messieurs ! la langue grecque (1) étant un trésor inépuisable, il faut y avoir recours.

––––––––––––––––––––

(1) Horace dit que les mots nouveaux peuvent faire fortune, pourvu qu'ils dérivent naturellement du grec.

MICROMÉGAS.

Pour moi, je ne suis point grec.

Les autres s'écrient :

Nous ne sommes pas non plus grands grecs, mais notre archinéologiste a ses fonds tout prêts.

MÉPHITOGÈNE.

Oui, Messieurs ; je vous propose donc d'adopter le mot *oxigène*, comme étant propre à désigner *générateur d'acides*.

ONOPHILE.

Messieurs, il est de par le monde des hommes qui connaissent déja votre néologisme, lesquels disent et prouvent que ce mot *oxigène* n'a jamais signifié *générateur d'acide*, et ne pourra jamais désigner que *fils de vinaigrier*. En effet, Messieurs, Diogène signifie *fils de Jupiter;* Théogène, *fils de Dieu;* Archigène, *fils du chef.*

CALOLOGUE.

Que les racines de nos mots soient exactes ou fausses, ceux qui nous liront ne sont pas hellénistes, et je me charge de faire passer révolutionnairement notre nomenclature. Je n'emploierai qu'elle dans mes écrits et dans mes écoles : si vous en faites autant dans les vôtres, je vous assure du succès.

AMPHIBOLIN.

Quant à moi, Messieurs, je crois qu'on a trop généralisé les fonctions de l'oxigène.

CALOLOGUE.

Je pense que ce mot doit être adopté sans restriction : les expériences de notre collègue Oxiphile sont décisives.

TÉLÉSIA.

Si la discussion est fermée ; si le mot est adopté, qu'on lève la main ! — Messieurs, vous avez adopté le mot *oxigène*.

MÉPHITOGÈNE.

Il faut substituer au mot *gaz inflammable* celui d'*hydrogène*, puisque Micromégas et Oxiphile assurent qu'il est le générateur de l'eau.

ONOPHILE.

Je ne crois pas qu'on puisse adopter ce mot, puisqu'il signifie *né de l'eau*, et que la même substance ne peut être à-la-fois père et fils. D'ailleurs, comment vouloir faire croire que le gaz inflammable, qui est douze fois plus léger que l'air, puisse former de l'eau ? Dans l'expérience du lord Cavendish, ce gaz concourt à mettre à nu l'eau qui constitue en partie le gaz déphlogistiqué, que vous voulez qu'on nomme *oxigène*.

CALOLOGUE.

Ne suffit-il pas qu'Oxiphile, Micromégas, Amphibolin, moi, et Méphitogène, l'annoncions, pour qu'on le croie ?

MÉPHITOGÈNE.

Quoiqu'on ait consacré le mot *hépar*, ou *foie de soufre*, pour désigner la combinaison du soufre avec les alcalis, je crois qu'il faut lui substituer le mot *hydrosulfure*.

ONOPHILE.

Mais ce mot ne signifie que *soufre et eau*, et n'est pas propre à désigner les hépars ; et puisque vous avancez que vous dérivez vos étymologies du grec, pourquoi associez-vous, dans le même mot, du grec et du latin ?

OXIPHILE.

Je dois vous rappeler qu'on a déja discuté sur le mot *hydrosulfure*, et qu'on a décidé que, malgré son irrégularité et son insignifiance, il serait employé.

MÉPHITOGÈNE.

Ayant pour but, Messieurs, de n'appeler les étudiants qu'à la lecture de nos ouvrages, nous ne pouvons laisser subsister le mot *alcali* : je propose de le remplacer par celui de *potasse*.

ONOPHILE.

Mais, Messieurs, vous manquez à votre engagement : le mot *potasse* n'est pas grec, mais allemand, et il ne signifie que *cendre de pots*; il ne peut donc être employé comme synonyme d'alcali fixe.

CALOLOGUE.

Votre objection paraît juste, Onophile; mais nous n'emploierons pas moins le mot *potasse*.

MÉPHITOGÈNE.

L'alcali volatil fluor est devenu trop célèbre par l'emploi victorieux qu'en a fait Sage dans une séance de l'Académie des sciences, en présence de l'empe-

reur Joseph II, pour ne pas faire oublier son nom :
aussi vous proposé-je d'employer à l'avenir celui
d'*ammoniaque*.

ONOPHILE.

Le mot *ammoniac* étant dérivé du grec *ammos*,
qui signifie *sable*, ne peut ni ne doit être employé
comme synonyme d'alcali volatil.

MÉPHITOGÈNE.

Nous ne devons pas laisser subsister le mot *terre
alcaline* pour désigner la terre calcaire ; il nous faut
y substituer celui de *carbonate de chaux*, employé
par notre collègue Oxiphile.

ONOPHILE.

Comment a-t-on pu adopter, d'après Black, que la
terre calcaire est composée d'air fixe, ou acide méphitique, combiné avec la chaux, puisque cet acide n'est
qu'un produit, et non un principe ; puisque la pierre
calcaire ne devient chaux qu'après que le feu a brûlé
la matière grasse qu'elle contient ?

MÉPHITOGÈNE.

Notre collègue Oxiphile ayant fait connaître que
les chaux métalliques sont formées d'oxigène combiné avec les terres des métaux, il faut substituer le
mot *oxide* à celui de *chaux*.

ONOPHILE.

Votre mot *oxide* étant dérivé d'*oxidos*, génitif
d'*oxis*, qui signifie *vinaigrier*, ne pourra jamais signifier que *vinaigre*. Cette dénomination est donc
impropre, puisque l'acide qui est principe des chaux

6.

métalliques est congénère de celui qui est principe de la chaux calcaire.

CALOLOGUE.

Depuis quand , Onophile , êtes-vous devenu helléniste ?

ONOPHILE.

Il suffit d'avoir lu les racines grecques pour reconnaître que votre nomenclature est insignifiante et n'offre que du galimatias double , que vous regardez cependant comme une langue *aussi belle, aussi harmonieuse que celle de Démosthènes.*

. . . . , ...

Onophile termine cette scène en demandant à ses collaborateurs de quelle langue ils ont extrait la terminaison *at* pour désigner le mot *sel*, que les Grecs ont exprimé par *als*.

La prophétie de Calologue s'est accomplie : la nouvelle nomenclature a été accueillie de la plupart des étrangers , qui y ont ajouté.

Onophile aurait pu dire à ses collaborateurs : Comment avez-vous pu employer les mots *muriate de soude* pour désigner le sel marin , les Romains n'ayant employé le mot *muria* que pour désigner une sauce faite avec un poisson ? Il aurait pu leur dire : Le natron qu'on retire par la lessive de la cendre de la soude et d'autres plantes littorales est le produit du sel marin même , dont l'acide, reporté dans l'atmosphère, corrode, détruit le fer des habitations voisines des rivages de la mer.

Le kali, ou soude cultivée dans nos campagnes, produit, après avoir été brûlé, une cendre qui, étant lessivée, ne fournit que de l'alcali fixe congénère de celui du tartre.

Dans une autre scène de cette comédie, Télésia dit: Messieurs, nous avons cru, mon mari et moi, qu'on ne pouvait faire éliminer le mot *phlogistique* du technique physico-chimique qu'en tournant en ridicule ses sectaires, et en les faisant passer à la lanterne magique, comme vous l'allez voir dans le salon: elle représente les obsèques du phlogistique, et ses partisans tenant des lacrymatoires.

Onophile dit: Pareille jonglerie ne prouve rien; et le phlogistique n'en sera pas moins principe de la lumière, l'essence de l'électricité sidérale, la cause de la ductilité des métaux, de l'ignescence de l'électricité, etc.

Parmi les novateurs qui ont rejeté le phlogistique, M. Thénard est celui qui a le mieux parlé de l'illustre Stahl, à qui la chimie doit la connaissance de cet élément. On lit, page 130 du 1er vol. du Traité de chimie de Thénard: « La théorie du phlogistique fait « beaucoup d'honneur à Stahl, qui en est l'auteur; « et l'on serait tenté de dire que cette *grande erreur* « mérite d'être mise au rang des grandes découver- « tes, parcequ'elle a servi de lien aux faits qui com- « posaient alors la chimie. »

Etat du Corps révolutionnaire des Mines, organisé en 1810.

Ayant conçu, il y a soixante années, le projet de naturaliser en France la minéralogie et la métallurgie, je me suis consacré à l'étude de ces sciences. C'est afin d'en faire naître le goût que j'en ai fait, pendant vingt-cinq années, des cours publics et gratuits. C'est dans le dessein de perpétuer ces sciences que je sollicitai et obtins la création d'une école des mines, et de douze élèves salariés. Le roi m'en désigna directeur. Pendant les dix années que j'ai rempli cette place, je n'eus qu'à me louer des élèves; mais, à l'époque de la révolution, ceux qui restaient me dirent qu'ils voulaient présider chacun à leur tour. Je leur signifiai que ce ne serait pas dans mon école, dont je leur interdisais l'entrée : ils me menacèrent en se retirant, se lièrent avec des membres du comité de salut public, qui, voulant dominer les sciences et s'assurer des places, firent créer l'école polytechnique. C'est dans le dessein d'y réunir l'école royale des mines, et ne pas éprouver d'opposition, qu'ils lancèrent contre moi un mandat d'arrêt, en vertu duquel je fus précipité et détenu dans les cachots en 1793 et 1794.

Pendant ce temps, les citoyens Gillet de Laumont, Lefebvre d'Hellancourt et Lelièvre, mes élèves, furent constitués *agens des mines*, s'emparèrent des

hôtels de Périgord et de Noailles-Mouchy , s'entou-
rèrent de nombreux commis, et commencèrent leur
établissement avec les dépouilles des malheureuses
victimes de la révolution. Fourcroy leur transmit un
ordre du comité de salut public qui enjoignait la
translation de mon cabinet dans l'hôtel de l'Agence
des Mines. M. l'abbé Tonnellier fut chargé de cette
expédition, à laquelle, il faut le dire, il ne pouvait
se résoudre, sachant que c'était mon unique bien,
et que le monument que j'avais élevé honorait le
règne de Louis XVI; mais les révolutionnaires pen-
saient autrement, et avaient pour but de l'anéantir.
Dans ce même temps je parvins, à prix d'argent, à
obtenir la liberté et la vie, à la grande surprise de
mes détracteurs, qui n'osèrent plus attenter à ma
propriété.

L'agence fut convertie en *conseil des mines* par
le comité de salut public. Le ministre Chaptal cor-
robora ce corps révolutionnaire des mines ; tous
oublièrent ce qu'on me devait.

En 1810, Bonaparte nomma directeur-général des
mines un ex-préfet (1) de Versailles, qui n'avait nulle
connaissance dans cette partie. Le conseil des mines
lui fit adopter une organisation onéreuse au gou-

____

(1) **M.** de Laumond, qui m'a indignement trompé, et que
j'ai dénoncé page 36 de la brochure que j'ai publiée en 1814,
sous ce titre : *Tableau comparé de la conduite qu'ont tenue
envers moi les ministres révolutionnaires.*

vernement; et ce nouveau corps compte parmi ses employés 85 personnes, dont le traitement est de 432,500 fr., comme l'état ci-joint le fait connaître.

Etat des traitemens des Employés du Corps impérial des Mines, créé en 1810.

1	Directeur-général	30,000 fr.
3	Inspecteurs-généraux, à 13,500 fr.	40,500
5	Inspect. divisionnaires, à 8000 fr.	40,000
6	Ingénieurs en chef de première classe, à 5000 fr.	30,000
10	*Id.* de seconde classe, à 4500 fr.	45,000
9	*Id.* ordinaires de première classe, à 3000 fr.	27,000
19	*Id.* ordinaires de seconde classe, à 2500 fr.	47,500
4	Aspirants, à 900 fr.	3,600
1	Secrétaire-général	8,000
1	Bureau du directeur	4,900
2	Secrétaires du conseil, à 1750 fr.	3,500
1	Bibliothécaire	2,800
1	Conservateur	4,000
2	Commis d'ordre, à 2400 fr. . .	4,800
1	Enregistreur	2,400
4	Rédacteurs, à 4000 fr.	16,000
2	Expéditionnaires, à 2000 fr. . .	4,000
1	Chef du bureau de redevances . .	4,000

318,000 fr.

	Ci-contre. . . .	318,000 fr.
1	Commis de correspondance . . .	2,400
1	Enregistreur dudit	2,000
2	Expéditionnaires, à 1950 fr. . .	3,900
1	Laboratoire	2,500
1	Garde-magasin	1,000
1	Portier	900
3	Garçons de bureaux, à 900 fr. .	2,700
2	Hommes de force, à 900 fr. . ,	1,800
	Gratification des bureaux . . .	6,000
	Frais de voyages et de bureaux. .	65,900
2	Vétérans pensionnaires, à 6000 fr.	12,000
1	Veuve d'inspecteur	3,000
4	Auditeurs, à 2000 fr.	8,000
	Journal des Mines	2,400
		432,500 fr.

Tels ont été les traitemens de 1812 et 1813 ; mais les dépenses pour 1814 s'élèveront au moins à 71,000 fr. de plus, puisque, dans le nouveau cadre que le directeur a fait de ses employés dans le mois d'août 1814, il l'a augmenté de 12 ingénieurs. En ne les supposant qu'à 4000 fr., cela fait 48,000 fr. Plus, pour le loyer du palais du Petit-Luxembourg 23,000

Total. . . .	71,000 fr.
Lesquels reportés aux	432,500
Donnent un total général de	503,500 fr.

Somme qui excédera le produit des **redevances**
sur les mines, puisqu'elles ne s'élèveront guère qu'à
340,000 fr., à raison de la séparation de quarante-
quatre départemens. Le trésor public sera donc
obligé d'ajouter 163,500 fr. pour compléter les
503,500 fr. pour le traitement du corps révolutionnaire des mines (1).

Quoique, dans le budjet de 1814, les redevances
sur les mines n'y soient portées qu'à 251,000 fr.,
elles ont cependant rendu annuellement 680,000 **fr.**,
dont le directeur retenait alors 432,500 fr., tant pour
son traitement que pour ceux de ses employés.

Lors de l'assemblée des notables, l'intendant des
mines porta alors sur son budjet à 200,000 francs
l'école royale des mines que j'avais fait créer.
M. Berthier de Sauvigny, président de cette assemblée, m'ayant demandé de me justifier de ces dépenses, je fis connaître que le traitement des douze
élèves, ainsi que celui des professeurs et des frais de
l'école, ne s'élevaient qu'à 21,400 fr. : l'intendant
fut remercié, et les abus furent supprimés.

L'établissement du cabinet du nouveau corps des
mines n'est que parasite, et ne pourra jamais l'em-
porter sur le cabinet de l'école royale des mines, à la

____

(1) En 1788, le nombre des mines en exploitation était au
moins aussi considérable que celles qui le sont aujourd'hui :
cinq commis, trois inspecteurs et douze élèves remplissaient
alors les vues du gouvernement.

Monnaie, qui offre à-la-fois un des monumens d'architecture le plus beau de l'Europe et la collection de minéraux la plus intéressante, puisque j'en ai conservé toutes les analyses.

Cette vérité a été bien appréciée par S. M. l'Empereur d'Autriche, qui est un des hommes les plus instruits que j'aie vus, lequel m'a dit qu'il ne connaissait rien en Europe qui pût être comparé à la collection du cabinet de l'école royale des mines, que j'ai été soixante années à former à mes frais.

La lettre suivante, qui m'a été écrite par Sa Majesté le Roi de Prusse, fait connaître que ce prince a aussi apprécié les services que j'ai rendus à la France. J'avais envoyé à ce monarque un exemplaire de la brochure dans laquelle j'ai rendu compte des traitements atroces qu'ont exercés envers moi les ministres du régime révolutionnaire.

« Je vous remercie, Monsieur, de la brochure que
« vous avez eu l'attention de m'adresser. Vos ouvrages
« et le beau cabinet de minéralogie qui vous doit son
« existence ne laisseront pas périr votre nom, et ré-
« pareront les injustices que vous avez éprouvées
« par vos contemporains.

« Au quartier-général de Paris, le 27 avril 1814. »

Frédéric Guillaume.

Les paroles mémorables que m'a adressées Louis XVIII, lorsque j'ai eu l'honneur de lui être présenté, le 8 décembre 1814, prouvent que ce prince a su aussi apprécier ce que j'ai fait et ce que je fais, puisqu'il m'a dit entre autres choses, après m'avoir témoigné le plaisir qu'il avait de me voir : *Je sais que, malgré votre cécité et votre grand âge, vous continuez à être utile ; j'ai toujours apprécié vos travaux.*

Réclamation.

Etant dans la noble conviction que nul n'a mené une conduite plus honorable ; que nul n'a peut-être jamais été plus utile à sa patrie, comme le prouvent les faits suivants, j'ose invoquer la justice de notre auguste monarque.

J'ai fondé la première école des mines ;

Je viens de terminer ma cinquante-sixième année de professorat ;

J'ai rassemblé, à mes frais, la première collection de minéraux qui a servi à l'instruction publique, laquelle forme le cabinet de l'école royale des mines, à la Monnaie, qui est devenu, par mes soins, un des plus beaux monuments de l'Europe ;

Tous mes ouvrages ont été utiles aux sciences, aux arts, à l'humanité ;

J'ai perdu la vue dans les cachots, où l'on m'a précipité et détenu en 1793 et 1794 ;

J'ai donné . . . . 24,000 fr.
pour obtenir la liberté et acheter la vie ;

Il y a vingt années que je suis dé-

24,000 fr.

Ci-contre. . . . 24,000 fr.

pouillé de vingt-quatre mille fr. de rente,
en quoi consistait ma fortune : ce qui
m'a privé de 280,000

J'ai employé, depuis trente-six années, plus de 40,000
pour compléter le cabinet de l'école
royale des mines ;

Avant la révolution, j'avais consacré 40,000
pour faire décorer la grande salle et le
laboratoire ;

Plus 12,000
pour faire achever les trois galeries supplémentaires ;

——————
396,000 fr.
——————

J'ai été obligé de vendre ma terre de Villeberfol et
ma bibliothèque, afin de remplir mes engagements et
subvenir à mes besoins.

Il ne me reste plus, pour fortune, que mon cabinet, qui sert à l'instruction publique, et, ce qu'on
ne peut m'enlever, la gloire d'avoir été utile, et l'honneur d'avoir tenu pendant soixante-quinze ans une
conduite irréprochable.

Recte facti fecisse merces est.

Exposé des raisons que je crois propres à déterminer le Gouvernement à conserver, après ma mort, le cabinet de l'Ecole Royale des Mines tel qu'il est dans l'hôtel des Monnaies.

Dès le commencement de la révolution on forma le projet de détruire ce cabinet et le monument qui le renferme, qui a été élevé à l'aide de la munificence de Louis XVI, parceque c'est un des établissements marquants de son règne. C'est dans le dessein d'y parvenir que l'Assemblée constituante rendit un décret par lequel il m'était enjoint de transporter au Jardin des plantes mon cabinet et mon école.

Indigné de cet ordre, je fis imprimer et distribuer deux mille exemplaires d'un Mémoire dans lequel je disais que l'Assemblée agissait contre ses principes, qui étaient d'améliorer, et non pas de détruire ; que j'avais créé la première école des mines, établissement qui manquait à la France, et que c'était un acte d'archivandalisme de détruire un des beaux monuments de l'Europe, que j'avais eu l'honneur d'élever sous la protection spéciale de Louis XVI.

Cette Assemblée constituante mit pour amendement à son décret que mon cabinet et mon établissement ne seraient transférés qu'après ma mort au Jardin des plantes.

Il parut facile aux conventionnels et au comité de

salut public, ou, pour mieux dire, de mortalité publique, de se défaire de moi, afin de satisfaire à une des trois factions qui se disputaient mes dépouilles. On lança contre moi un mandat d'arrêt, et je fus précipité dans les cachots, où j'ai été détenu en 1793 et 1794, qu'ayant appris que je pourrais éviter d'être mis dans le porte-feuille de Fouquier-Thainville en donnant mille louis; le comité de sûreté générale expédia un ordre pour ma mise en liberté.

Mon retour à la vie dérouta mes spoliateurs, qui avaient été mes élèves, lesquels avaient reçu l'ordre du comité de salut public de s'emparer de mon cabinet, et de le transporter dans l'hôtel de Noailles-Mouchy, où ils s'étaient établis.

C'est pendant mon incarcération que je fus dépouillé de ma fortune.

Ayant fait connaître au Directoire les persécutions atroces que j'avais éprouvées, et que, malgré ces mauvais traitemens, je desirais compléter l'arrangement du cabinet de l'école royale des mines, il me fit donner à la Monnaie le local qui forme les trois galeries (1) supplémentaires que j'ai fait décorer à mes frais.

Je ferai encore observer ici que tout ce qui est

---

(1) Et ajouta, en 1797, 6000 fr. à mon traitement, pour me dédommager en partie de la spoliation de ma fortune; traitement qui m'a été enlevé, sous prétexte d'économie, par le ministre Chaptal.

dans le grand cabinet, ainsi que dans les galeries, est absolument à moi, puisque la portion que j'en avais cédée à l'État, pour 5ooo fr. de rente viagère, a été réduite au tiers, et qu'on ne m'a tenu aucun compte de plus de 60,000 fr. que j'ai consacrés pour faire décorer ce cabinet, quand je jouissais de ma fortune; et que, malgré la modicité de celle qui me reste, je ne puis résister au desir de me procurer les objets nouveaux en minéralogie.

On sait que j'ai été soixante années à former à grands frais cette collection, et que c'est la première qui a servi à l'instruction publique; ce qui me paraît être un double titre pour la conserver dans l'ordre où elle est, et avec les étiquettes, puisqu'elles retracent les noms employés par les minéralogistes exacts qui ont précédé et instruit nos novateurs, dont le grand mérite consiste dans de nouveaux mots.

Je suis aidé et secondé dans mes travaux, depuis dix années, par M. Verdot, qui a une connaissance exacte de ce qui est dans ce magnifique cabinet : je crois qu'on doit lui en confier la conservation.

C'est ce même homme qui prépare les expériences de mon cours depuis dix années que j'ai perdu la vue. N'ayant pu lui annexer qu'un modique salaire, et ne pouvant rien faire pour lui après ma mort, parce que j'ai été dépouillé de toute ma fortune, la place de conservateur, avec 3ooo fr. de traitement, m'acquitterait envers un homme dont je n'ai qu'à me louer, et dont les connaissances le mettent en état de répondre à ceux qui le consulteraient.

Faits qui constatent ce que j'ai avancé sur la nature des diverses espèces de chaux métalliques.

Des expériences thermométriques m'ont paru propres à déterminer la proportion d'acide ignifère qui entre comme partie constituante de la chaux blanche de zinc, du *minium* et de la chaux rouge de mercure ; la chaux blanche de zinc, après avoir été imbibée d'acide vitriolique (1), produisant 176 d. de chaleur (2) au-dessus du terme de la glace. Le *minium*, produisant 123 d. de chaleur, et la chaux rouge de mercure 76, la différence qui se trouve entre la chaux de zinc et celle de mercure est donc de 100 d.

Cette différence provient de la quantité et de la concentration de l'acide ignifère qui entre comme partie constituante de ces espèces de chaux, comme les expériences subséquentes le démontrent. En effet, lorsqu'on a enlevé au *minium* l'acide ignifère

______

(1) J'ai employé, dans ces expériences, de l'acide vitriolique marquant 65 d. à l'aréomètre de Baumé.

(2) On s'est servi, dans ces expériences, d'un thermomètre de mercure gradué d'après Réaumur.

2. 7

qui donne la couleur rouge à cette chaux de plomb, celle qui reste, étant imbibée d'acide vitriolique, ne produit que 40 d. de chaleur : il se manifeste donc alors deux fois moins de chaleur ; privation qui ne peut être attribuée qu'à l'acide ignifère qu'on a dégagé du *minium* sous forme de gaz déphlogistiqué, par la distillation de cette chaux rouge de plomb, sans employer d'intermède.

La chaux blanche de zinc ayant été soumise à la distillation a produit, à l'aide d'un feu violent, un peu de gaz déphlogistiqué ; le résidu ayant été réduit en pâte à l'aide de l'acide vitriolique a fait monter le mercure à 176 d., tandis que la même chaux de zinc, qui n'avait pas été soumise à la distillation, n'avait produit que 160 d. de chaleur : ces chaux de zinc avaient été passées au tamis afin de les diviser. Si celle qui a été distillée a produit plus de chaleur après avoir été imbibée d'acide vitriolique (1), c'est qu'elle avait été privée d'une portion d'eau qui s'est combinée, à l'aide du feu, avec de l'acide ignifère pour former du gaz déphlogistiqué.

Les chaux métalliques proprement dites, c'est-à-dire celles qui ne contiennent que de l'acide igné combiné avec les terres des métaux, étant imbibées

____

(1) Il ne se produit pas d'effervescence lorsqu'on verse de l'acide vitriolique sur la chaux de zinc qui n'a pas été soumise à la distillation ; mais l'effervescence est très-vive lorsque l'acide porte son action sur cette chaux distillée.

d'acide vitriolique, ne font élever le thermomètre qu'à 48 d. au-dessus de la glace.

Dans ces expériences, la chaleur qui se manifeste est toujours produite par l'acide, principe des chaux métalliques qui s'emparent de l'eau que contient l'acide vitriolique.

FIN.

TABLE ALPHABÉTIQUE

DES MATIÈRES

CONTENUES DANS CES OPUSCULES DE PHYSIQUE.

A.

B.

C.

D.

E.

H.

I.

N.

O.

P.

R.

S.

T.

V.

FIN DE LA TABLE DES MATIÈRES.